ACHIM FIGGEN • DIETHMAR PLATH • BRIGITTE ROTHFISCHER

VERKEHRS FLUGZEUGE

VERKEHRS FLUGZEUGE

ACHIM FIGGEN • DIETHMAR PLATH • BRIGITTE ROTHFISCHER

Bechtermünz Verlag

Bildnachweis:

Lufthansa Bildstelle: 6/7, 10-12, 14-16, 18, 19, 26-33

Archiv Aero International: 8, 13, 17, 20, 22-25, 34-37, 50, 55-63, 65, 67, 69, 72, 73, 76-81, 84-86, 88-93, 108, 113-117, 119, 123, 126, 130, 132-138, 141-143, 148, 149, 151

British Aerospace: 35

Boeing: 82, 83, 87, 96, 98, 100, 101, 109

Christofer Witt: 144 u., 145, 146 o.

Dietmar Plath: alle übrigen Fotos

Bechtermünz Verlag

Einbandgestaltung: Gestaltungsbüro Thomas Uhlig, Augsburg
Konzeption und Ausführung: IPa, Vaihingen/Enz
Gesamtherstellung: Appl, Wemding

Gedruckt auf chlorfrei gebleichtem Papier.

Printed in Gemany
ISBN 3-8289-5351-4

Inhalt

Einleitung

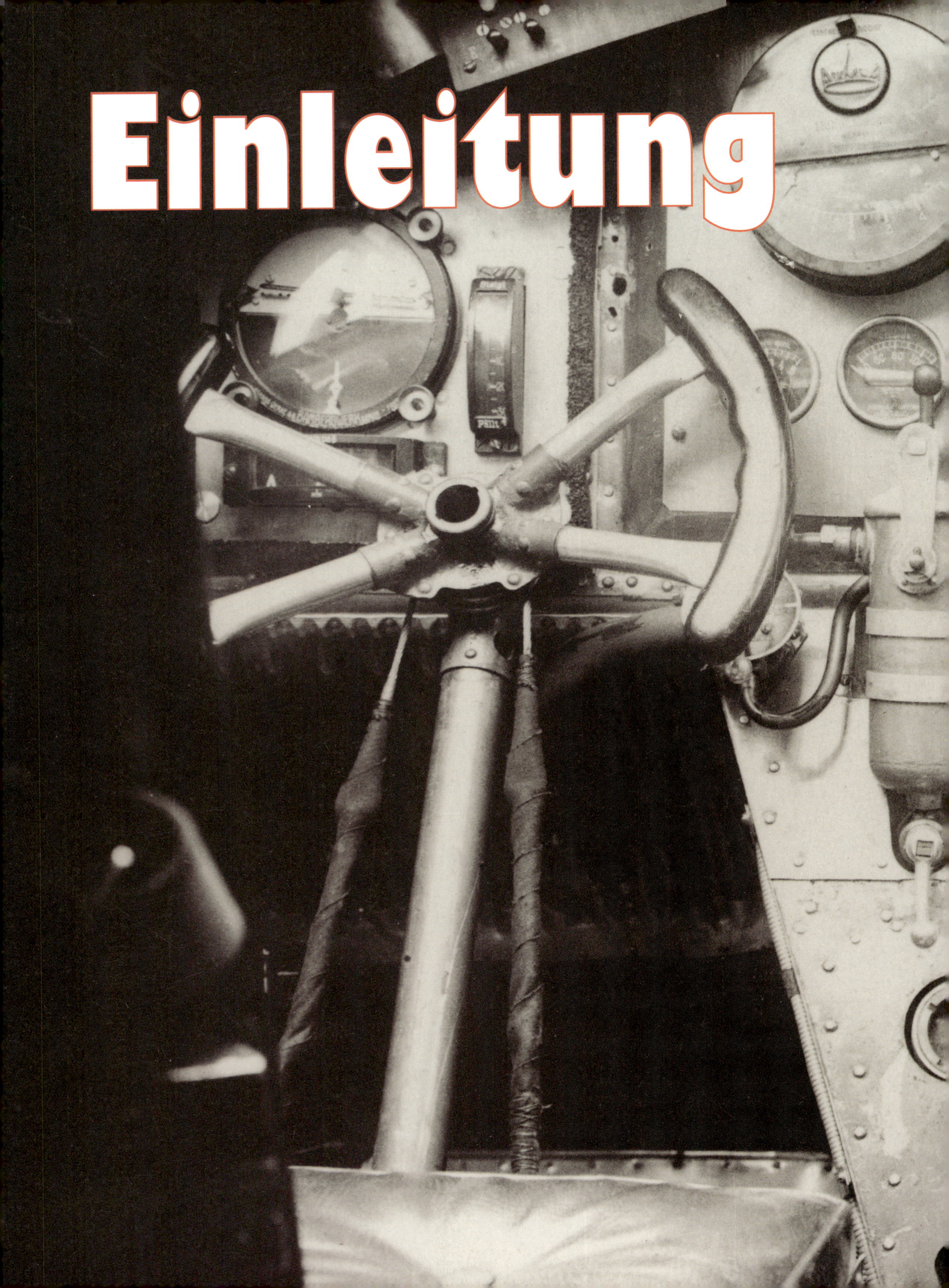

250
50
200
100
150
300
500
200
150

Genaugenommen fand der erste Passagierflug der Welt mit einem motorgetriebenen Luftfahrzeug schwerer als Luft am 1. Dezember des Jahres 1905 statt. Schauplatz war Kitty Hawk in North Carolina, wo die Gebrüder Wilbur und Orville Wright mit ihren selbst entwickelten Flugapparaten, den „Flyern", experimentierten. Vor nur spärlich vertretener Presse und ein paar Farmern aus der Umgebung startete der „Flyer III", eine zerbrechlichen Holzkonstruktion, die von einem selbstentwickelten, gut 15 PS starken Motor angetrieben wurde, diesmal mit beiden Brüdern an Bord. Doch die Farmer kannten die Eskapaden der Wrights schon aus den vorangegangenen Jahren und ließen sich auch durch diese Neuerung nicht mehr erschüttern. Und an den Vertretern der Presse ging der Augenblick so unerkannt vorbei, daß ihnen diese Sensation kaum mehr als ein paar Zeilen wert schien. Ähnlich war es in Europa, wo bereits zahlreiche französische Aviatiker mit vorerst nur begrenztem Erfolg der Fliegekunst mit Leidenschaft frönten. Ihr Problem bestand in erster Linie darin, daß sie im Gegensatz zu den Wrights die Notwendigkeit einer Quersteuerung zur Stabilisierung der Fluglage zunächst nicht erkannten und das Problem später nur unzureichend lösen konnten. So verhalf der Luftfahrt auch in Frankreich erst der Besuch der beiden amerikanischen Flugpioniere im Jahre 1908 zum Durchbruch. Der breiten Öffentlichkeit jedoch, in Europa wie in der Neuen Welt, sollte der Nutzen der Flugzeuge noch auf Jahre suspekt bleiben.

Unterdessen erprobten die Flugpioniere die Ausdauer und

Orville Wright (Foto) und seinem Bruder Wilbur gelang 1903 der erste Motorflug.

Mit dem Eindecker „Blériot XI" überquerte der Franzose Louis Blériot am 25. Juli 1909 als Erster den Ärmelkanal zwischen Frankreich und England.

Möglichkeiten ihrer Holz- und Stoffkonstruktionen. Dem Franzosen Henri Farman gelang am 30. Oktober 1908 an Bord seiner 50 PS starken „Voisin-Farman" mit einer Strecke von 27 Kilometern der erste Überlandflug. Louis Blériot, der sein Leben, sein Geld und die Mitgift seiner Frau völlig der Eroberung der Lüfte verschrieben hatte, überquerte am 25. Juli 1909 mit seinem Eindecker „Blériot XI" als erster den Kanal von Calais nach Dover. Die erste Alpenüberquerung vom schweizerischen Brig nach Domodossola in Italien wagte am 23. September 1910 der in Paris geborene Peruaner Geo Chavez mit einer Blériot. Er zahlte einen hohen Preis, denn in Sichtweite des Landeplatzes in Domodossola stürzte er ab und erlag vier Tage später seinen Verletzungen. In den nächsten Jahren folgten Flüge über noch größere Distanzen, so von Paris nach London und Madrid oder erstmals über das Mittelmeer von Südfrankreich nach Tunis. Auch in den USA ruhten die Aviatiker nicht. Den ersten Transkontinentalflug von Long Island an der Ost- nach Long Beach an der Westküste führte der Amerikaner C.P. Rodgers im Herbst 1913 in einem Wright-EX-Doppeldecker durch. Das Unternehmen dauerte 49 Tage, 82 Flugstunden und über achtzig (Bruch)-Landungen.

Preiskämpfe

Der Erste Weltkrieg öffnete vielen Skeptikern die Augen über Nutzen und Möglichkeiten, die eine zivile Luftfahrt bieten könnte. Die weitsichtigsten unter ihnen gründeten schon bald erste Gesellschaften, die regelmäßige Liniendienste für Passagiere oder Fracht durchführen sollten. Noch vor diesen Visionären hatte der Amerikaner P.E. Fransler im Januar 1914 auf der Strecke von St. Petersburg nach Tampa in Florida den regelmäßigen Passagierdienst mit einem Benoist-XIV-Flugboot eröffnet. Doch die Strecke rechnete sich nicht und wurde schon nach wenigen Monaten wieder aufgegeben.

Im August 1919 wurde in Europa die erste Linienverbindung ins Leben gerufen. Die britische Fluggesellschaft Aircraft Transport and Travel Ltd. (AT&T), die noch während der Kriegsjahre gegründet worden war, schickte eine de Havilland D.H.16 mit vier Passagieren auf den knapp zweieinhalb Stunden dauernden planmäßigen Linienflug vom Londoner Flughafen Hounslow nach Paris. Noch am gleichen Tag ging die Konkurrenz, die Handley Page Transport, mit einer zweimotorigen Handley Page O/400 sowie einer O/7, die Raum für 14 Passagiere bot, auf gleicher Strecke in die Luft. Schon bald stellte sich in Gestalt einer de Havilland D.H.4A der S. Instone & Co. Ltd. sowie durch staatlich subventionierte französische Gesellschaften wie der Compagnie des Messageries Aérinnes mit einer Breguet 14 für zwei Passagiere ernsthafte Konkurrenz ein. Der erste Preiskampf in der Geschichte der zivilen Luftfahrt war eröffnet worden und forderte seinen Tribut. Handley Page gab im Herbst 1920 ihre London-Amsterdam-Strecke auf und konnte wenig später die Dienste nach Paris nur noch unregelmäßig durchführen. AT&T stellte ihren Betrieb im Dezember des gleichen Jahres ein, im Februar 1921 warfen Handley Page und Instone das Handtuch. Erst durch die Entscheidung des englischen Cross-Channel Subsidies Committee unter Kriegs- und Luftfahrtminister Winston Churchill, die Fluggesellschaften aus öffentlichen Mitteln zu unterstützen, sahen sich Handley Page und Instone im März 1921 wieder in der Lage, an den Start zu gehen. Im Mai des folgenden Jahres kam es zur ersten großen Katastrophe in der zivilen Luftfahrt, als eine de Havilland D.H.18 der neugegründeten britischen Daimler Airway und eine Farman Goliath von Grands Express Aériens nördlich von Beauvais auf dem Weg nach London bzw. Paris zusammenstießen und alle sieben Passagiere in den Tod rissen. Doch unbeirrt bauten die Gesellschaften ihre Streckennetze zwischen Großbritannien und Kontinentaleuropa weiter aus.

Deutscher Wettbewerb

Im Gegensatz zu den meisten seiner Kollegen war der deutsche Professor Hugo Junkers schon früh davon überzeugt, daß Flugzeuge, anstatt wie bei den konventionellen Doppeldecker-Konstruktionen üblich aus Holz, Stoff und Spanndrähten, aus Metall bestehen sollten. 1918 hatte er das erste Ganzmetall-Verkehrsflugzeug der Welt, die Junkers F 13, entwickelt, die als erste Passagiermaschine im November 1920 die Anden und zwei Jahre später die Alpen überquerte. Um seine weltweit erfolgreichen Flugzeuge auf den Markt zu bringen, gründete er in Deutschland, Europa und sogar in Südamerika verschiedene Fluggesellschaften. In Deutschland war er jedoch nicht der erste gewesen, der den Verkehr von der Straße und Schiene in die Luft zu verlagern suchte. Die Militärs richteten noch 1917 ein Luftpostnetz im besetzten Rußland ein, das sich von St. Petersburg bis an die Krim erstreckte, und eröffneten im Frühsommer 1918 eine Versuchsstrecke von Berlin über Hannover nach Köln. Wie in England wurde auch in Deutschland die erste zivile Fluggesellschaft, die Studiengesellschaft Deutsche Luftreederei (DLR), an der vorrangig AEG, Hapag, die Deutsche Bank sowie später Dornier und der Luftschiffbau Zeppelin beteiligt waren, während

Die Junkers F 13 (im Vordergrund) war eines der ersten ausschließlich für den kommerziellen Luftverkehr konzipierten Flugzeuge.

Ein früher Fluggast aus den zwanziger Jahren: Filmstar Hans Albers an Bord eines LVG-Doppeldeckers der Deutschen Luftreederei.

Ein Doppeldecker des Typs AEG N1 im Dienst der im Dezember 1917 gegründeten Deutschen Luftreederei (DLR).

Ein Hochdecker Sablatnig P III der Lloyd Luftverkehr Sablatnig, eine der zahlreichen deutschen Fluggesellschaften in den zwanziger Jahren.

der Kriegsjahre gegründet. Die Flotte der DLR basierte aus den Hinterlassenschaften des Weltkrieges, nämlich der AEG J II, einer auf den zivilen Betrieb umgerüsten Weiterentwicklung des Aufklärers J II aus dem Hause AEG, das sich seit 1910 mit dem Flugzeugbau beschäftigte, sowie der C VI der Luft-Verkehrs-Gesellschaft AG (LVG), deren Gründer Arthur Müller als erster Direktor des Flugplatzes Berlin-Johannisthal fungierte. Bis heute lebt das Emblem der DLR, der Kranich im Kreis, auf den Leitwerken der Lufthansa-Maschinen weiter. Der Verkehr wurde im Januar 1919 mit einer zunächst auf zehn Tage befristeten Genehmigung zwischen Berlin und Weimar aufgenommen, wobei anfänglich nur Post transportiert wurde. Doch schon im Februar nahm die DLR regelmäßige Passagierdienste in Deutschland auf, und Reichspräsident Friedrich Ebert ließ es sich nicht nehmen, als einer der ersten Gäste in einem ihrer Doppeldecker Platz zu nehmen. In den folgenden Monaten wurden weitere Linien, u.a. nach Gelsenkirchen, Hamburg sowie in die Nord- und Ostseebäder eingeführt. Die Luftverkehr Sablatnig, seit 1916 im Flugzeugbau tätig, stieg zu dieser Zeit ebenfalls ins Airlinegeschäft ein und bot Flüge bis nach Kopenhagen an.

Die Aufbruchstimmung, die die Fluggesellschaften wie Pilze aus dem Boden schießen ließ, machte eine internationale Zusammenarbeit sowie Regeln für den Luftverkehr notwendig und führte im Sommer 1919 zur Gründung der International Air Traffic Association (IATA), zu deren ersten Mitgliedern u.a. die Deutsche Luftreederei gehörte. Die schloß ein Jahr später mit der holländischen KLM und der dänischen DDL das erste Kooperationsabkommen der Luftfahrt ab, als die drei Gesellschaften eine internationale Strecke von Malmö und Kopenhagen über Warnemünde, Hamburg und Bremen nach Amsterdam eröffneten.

Der Wettbewerb, den sich die so zahlreich entstandenen Fluggesellschaften selbst schufen, verursachte Verluste. Subventionen der deutschen Regierung, die im Frühjahr 1920 den erlahmten Luftverkehr wieder ankurbeln sollten, kehrten ihre Wirkung um, als daraufhin noch mehr Fluggesellschaften gegründet wurden, nur um in den Genuß der Staatsgelder zu kommen. Die großen Fluggesellschaften erkannten, daß die deutsche Luftfahrt nur eine Chance in der Bündelung ihrer Kräfte haben würde und gründeten im April 1921 als Dachgesellschaft die Aero Union, der die Deutsche Luftreederei, die Lloyd Luftverkehr Sablatnig und die Danziger Luftreederei angehörten. Andere, kleinere Gesellschaften formierten sich um den Norddeutschen Lloyd zur Lloyd Luftdienst, die sich zwei Jahre später mit der Aero Union zur Deutschen Aero Lloyd AG zusammenschloß. Abseits standen die 16 national und international operierenden Gesellschaften der Junkers Werke, die ihre Fänge bis nach Persien ausgestreckt hatten und als Europa-Union eine Betriebsgemeinschaft bildeten. 1925 geriet Junkers wegen hoher Investitionen in der Sowjetunion in finanzielle Schwierigkeiten, die erst durch die Übernahme von achtzig Prozent des Aktienkapitals durch die Reichsregierung beseitigt werden konnten. Der deutsche Staat, nunmehr im

Eine Albatros L 58 der Deutschen Aero Lloyd AG, eine der Vorgängergesellschaften der späteren Deutschen Lufthansa.

Die belgische Fluggesellschaft Sabena setzte in den dreißiger Jahren Savoia-Marchetti S.73 auf ihren Flügen in den Kongo ein.

Besitz der Europa-Union, beschloß deren Verschmelzung mit der Deutschen Aero Lloyd AG. Ergebnis war die Deutsche Luft Hansa, die am 6. April 1925 mit einer aus 165 Flugzeugen neunzehn verschiedener Typen bestehenden Flotte, der Hinterlassenschaft ihrer Vorgängergesellschaften, den Flugbetrieb aufnahm.

Vor einem ungleich größeren Problem stand später die Air France, die sich Ende August 1933 nach dem Zusammenschluß von fünf französischen Fluggesellschaften mit einer Flotte von 259 Flugzeugen verschiedenster Bauart konfrontiert sah. Unter ihren Vorgängergesellschaften befand sich u.a. die Société Général de Transport Aérien, in der einst die Lignes Aériennes Farman, ein Tochterunternehmen des Flugzeugherstellers Farman und Mitbewerber im frühen Linienverkehr über den Kanal, aufgegangen war. Auch die Aéropostale als Nachfolgerin der Latécoère, berühmt geworden durch den Poeten und Flugpionier Antoine de St. Exupéry, ging in der neuen Gesellschaft auf.

Der schnellste Weg in die Kolonien

Die Notwendigkeit einer Konzentration des Luftverkehrs hatten die Briten schon lange vorher erkannt. 1924 griff die britische Regierung mit der Gründung der Imperial Airways, einem Zusammenschluß von Daimler Airway, Handley Page, Instone und der British Marine Air Navigation, in die Geschicke ihrer Luftfahrt ein. Das Startkapital der Imperial bestand aus der Flotte ihrer Vorgängergesellschaften: sieben de Havilland D.H.34, drei Handley Page W.8b, eine Vickers Vimy Commercial sowie zwei Supermarine-Sea-Eagle-Amphibienflugzeuge. Als oberstes Ziel rangierte bei Imperial Airways die Verbindung zwischen den zum britischen Empire gehörenden Ländern und Kontinenten. Mit diesem Auftrag startete im November 1924 der Direktor der Zivilen Luftfahrtbehörde Sir Sefton Brancker mit dem Piloten Alan Cobham und dem Flugingenieur Arthur Elliott an Bord einer de Havilland D.H. 50J nach Indien. Nach ihrer Rückkehr am 17. März des folgenden Jahres wurde die Maschine für einen weiteren Langstreckenflug unter gleicher Besatzung nach Südafrika umgerüstet. Der Flug nach Kapstadt ging über 9655 Kilometer und dauerte fast genau ein Vierteljahr. Zurück in England stand die nächste Erkundungsreise, diesmal nach

Australien, auf dem Programm. Wieder mußte die D.H.50 umgerüstet werden, denn da die Strecke zu großen Teilen über Wasser führte, wurde die Maschine auf Schwimmer gestellt. Der Flug von England nach Melbourne und zurück zog sich von Juni bis Oktober 1926 hin, und erneut hatte der Pilot Cobham, der später für seine Verdienste geadelt wurde, im Cockpit gesessen. Der Erkundungsflug nach Indien hatte für Imperial Airways die besten Voraussetzungen geschaffen, auch den bislang von der Royal Air Force durchgeführten Luftpostdienst von London nach Karatschi zu übernehmen. Die Gesellschaft orderte dafür fünf de Havilland D.H.66 Hercules, die für den Einsatz über heißen Wüstengegenden entwickelt worden waren. Nun, da sich auch der Luftweg nach Indien eingependelt hatte, wanden sich die Briten dem Schwarzen Kontinent zu. Mit einer de Havilland D.H.66 konnten sie ab Januar 1931 einen regelmäßigen Liniendienst von London nach Kapstadt aufnehmen. Den gewaltigen Kontinent überquerte sie jeweils in elf Tagen.

1929 brach der Australier Charles Kingsford Smith zu einem Rekordflug von Australien nach England auf, und zwei Jahre später beförderte er auf dieser Strecke bereits die erste Luftpost. Im Frühjahr 1931 nahm auch Imperial Airways probeweise Postflüge nach Australien auf, die über Indien geführt werden sollten. Zusammen mit der australischen Fluggesellschaft Qantas gelang es den Briten nach weiteren Erprobungsflügen, ab Ende 1934 einen regulären Postdienst nach Downunder einzurichten. Wenige Monate später startete der Passagierverkehr über die 20525 Kilometer lange Strecke, die mit de Havilland D.H.86 in zwölfeinhalb Tagen zurückgelegt wurde.

In Afrika hatte bereits die belgische Sabena im Bemühen, ihre Kolonien am Kongo mit dem Heimatland zu verbinden, ganze Arbeit geleistet. Ihrer Vorgängerin SNETA (Syndicat National pour l'Etude des Transport Aériens) war es gelungen, bis 1922 auf regelmäßigen Testflügen eine Verbindung zwischen Kinshasa und Stanleyville aufzubauen. Daran knüpfte die belgische Fluggesellschaft an, so daß sie nach mehreren Jahren der Vorbereitung 1927 im Kongo über sechs ausgebaute Flugplätze verfügte, die im Liniendienst

Ungewöhnliche Fracht: Die deutsch-russische Fluggesellschaft Deruluft flog einen kleinen Bären und einen Fuchs nach Russland.

mit dreimotorigen Handley Page H.P.26 bedient wurden. Acht Jahre später beflog eine für 18 Passagiere und drei Besatzungsmitglieder ausgelegte dreimotorige Savoia-Marchetti S.73 zunächst 14-tägig, später im wöchentlichen Rhythmus, die Strecke Brüssel – Leopoldville.

Auf nach Osten

Während die Kolonialmächte ihren südlichen Ländereien zustrebten, suchte sich Deutschland einen Weg nach Osten. Die 1921 gegründete Deutsch-Russische Luftverkehrsgesellschaft mbH (Deruluft) mit Sitz in Berlin, ein Joint Venture, an dem zu gleichen Anteilen die Deutsche Luftreederei und die Handelsvertretung der UdSSR in Deutschland beteiligt waren, baute in den folgenden Jahren den regelmäßigen Linienverkehr in den Fernen Osten auf. Drei verschiedene Streckenmöglichkeiten – über Sibirien, Kabul oder Indien – wurden in den zwanziger und dreißiger Jahren erkundet, obgleich politische Schwierigkeiten in Rußland sowie vor allem in Japan und China einzelne Streckenabschnitte oder ganze Routen unmöglich machen sollten. Zunächst jedoch richtete die Junkers Luftverkehr 1923 einen Flugdienst zwischen Moskau und Tiflis ein, erkundete Strecken nach Persien und gründete in den Jahren bis 1927 lokale Tochtergesellschaften in Moskau, Ankara und Teheran.

1922 nahm die Deruluft mit Fokker-Flugzeugen und deutsch-russischen Besatzungen Linienflüge zwischen Königsberg und Moskau auf.

Im Juli 1926 entsandte die junge Luft Hansa drei Junkers G 24 auf einen Erkundungsflug nach Peking, von dem diese nach 140 Flugstunden und knapp vier Wochen Reisezeit zurückkehrten. Auf weiteren Erprobungsflügen nach Sibirien, die mit der Junkers W 33 „Ural“ durchgeführt wurden, arbeitete die Deruluft zwei Jahre später mit der 1923 gegründeten russischen Dobrolet zusammen, was zur Aufnahme eines wöchentlichen Postfluges von Moskau nach Nowosibirsk sowie eines Dienstes von Berlin über Moskau nach Shanghai führte. Noch im gleichen Herbst war auch die Schwestermaschine der „Ural“, die „Europa“, zu einem Flug über mehr als 14000 Kilometer von Berlin nach Tokio gestartet, wofür sie vier Wochen und 90 Flugstunden benötigte. Die Schwierigkeiten, mit denen die Piloten zu kämpfen hatten, waren enorm, denn sie flogen nach alten, ungenauen Karten in Gegenden, deren Infrastruktur kaum ausgebaut war, und wo mit Hilfe der russischen und chinesischen Regierungen mühsam Treibstofflager aufgebaut werden mußten. Ohne Wettermeldungen auf dem Weg ins Ungewisse, orientierten sie sich anfangs einzig am Verlauf der Transibirischen Eisenbahn.

Ein Bambusschuppen war manchmal alles, was den Eurasia-Mitarbeitern für die Wartung der Flugzeuge zur Verfügung stand.

Die Junkers Ju 52, das Standardflugzeug vieler Fluggesellschaften in den dreißiger Jahren, wurde auch von der Eurasia eingesetzt.

Schwieriger Beginn im Reich der Mitte

Auch in China entwickelte sich langsam eine Luftfahrt, als 1929 die China National Aviation Corporation (C.N.A.C.) gegründet wurde, die ihre Betriebsrechte allerdings an die amerikanische Aviation Exploration Inc. übertrug. Noch vor ihr ging eine rein chinesische Gesellschaft, die Hu-Jung hang-k'ung hsien kuan-li ch'u, an den Start, die mit Stinson-Detroitern die Strecke Shanghai-Nanking beflog, während sich die C.N.A.C. an den sich überschneidenden Kompetenzen und Interessen der chinesischen Bürokratie aufzureiben drohte. Statt dessen wurde 1930 von der chinesischen Regierung und der Deutschen Luft Hansa eine chinesisch-deutsche Gesellschaft mit Namen Eurasia Aviation Corporation mit Sitz in Nanking gegründet, die in erster Linie die Post zwischen Europa und Asien beschleunigen sollte und mit je zwei F 13 und W 33 von Junkers ausgestattet wurde. Nach vielen Zwischenfällen und dem Verlust einiger Maschinen konnte die Eurasia 1933 endlich einen regelmäßigen innerchinesischen Dienst aufnehmen. Inzwischen hatte sich auch die C.N.A.C. wieder gefangen und schien der Eurasia auf den innerchinesischen Strecken mit der robusteren Ford TriMotor davonzufliegen. Als 1937 auch noch der chinesisch-japanische Krieg die Aktivitäten der Eurasia in China blockierte, war sie gezwungen, sich einen neuen Weg nach Hongkong über die südlicher gelegenen Routen via Indochina suchen, wohin die Air France inzwischen regelmäßige Dienste unterhielt. Doch die Tage der Eurasia waren gezählt, denn 1940 mußte sie auf Weisung der chinesischen Regierung ihren Betrieb im Reich der Mitte, den sie ohnehin nur mehr unregelmäßig hatte durchführen können, einstellen. Die Lufthansa – 1933 wurde die bis dahin übliche Schreibweise Luft Hansa aufgegeben – suchte unterdessen einen anderen Weg nach Fernost, den sie 1936 auf mehreren Erkundungsflügen mit einer Ju 52 von Kabul aus über den Hindukusch und den Pamir fand. Schon 1938 konnte mit Kabul die Verlängerung der bisherigen Strecke von Berlin nach Teheran erreicht werden, und ein Jahr später bildete Bangkok den vorläufigen Endpunkt der deutschen Fernostroute.

Die Eroberung des Atlantiks

Am anderen Ende der eurasischen Landmasse hatten die Flugpioniere mit ganz anderen Schwierigkeiten zu kämpfen. Nicht Wüsten, endlose Tundren oder hohe Gebirge galt es zu queren, sondern die Wassermassen des Atlantiks. Doch es waren nicht die Europäer, die den Atlantik als er-

Charles Lindbergh (links), als er noch nicht der berühmte Atlantiküberquerer war, sondern einer von vielen verwegenen Postfliegern in den USA.

ste bezwangen. Im Mai 1919 starteten drei amerikanische Flugboote im kanadischen Halifax nach Portugal. Ihr Weg führte sie über die Azoren, wo sie vor dem Weiterflug einen längeren Aufenthalt einlegten. Um die schiere Unmöglichkeit einer wenigstens annähernd genauen Positionsbestimmung zu umgehen, wiesen ihnen Schiffe der amerikanischen Marine den Weg über den Ozean. Dennoch kam nur nur eine Maschine in Europa an. Daraufhin setzte die englische Zeitung Daily Mail für die Nonstop-Überquerung des Atlantiks einen Preis in Höhe von 10000 Pfund Sterling aus. Schon im Juni machten sich die britischen Offiziere Arthur Whitten-Brown und John Alcock an Bord einer zweimotorigen Vickers Vimy auf den Weg von Neufundland nach Irland, wo sie nach einer Flugzeit von nicht einmal sechzehn Stunden unsanft landeten, aber den Preis für sich beanspruchen konnten. Erstmals den Atlantik alleine in West-Ost-Richtung zu überfliegen, gelang acht Jahre später Charles Lindbergh, der mit seiner Spirit of St. Louis, einer einmotorigen Ryan, von New York nach Paris flog. In die Gegenrichtung starteten gut ein Jahr später der Ire James Fitzmaurice und die beiden Deutschen Hermann Köhl und Günther Freiherr von Hünefeld mit der Junkers W 33 „Bremen" in Irland, um 36 Stunden später auf Greenly Island zwischen Labrador und Neufundland notzulanden. Dennoch hatten sie es geschafft, die wegen ihrer Gegenwinde schwierige Passage zwischen Eu-

1928 überquerten die Deutschen von Hünefeld (links) und Köhl (rechts) sowie der Ire Fitzmaurice den Atlantik in der Junkers W 33 „Bremen".

ropa und Amerika von Ost nach West zu meistern. Den Grundstein für die späteren Erkundungsflüge über den Nordatlantik legte jedoch ein anderer. 1930 führte Wolfgang von Gronau an Bord einer Dornier Wal den ersten Atlantikflug über Grönland mit Hilfe der Funknavigation durch und erreichte als erster europäischer Pilot den Hafen von New York. Im gleichen Jahr gelang erstmals der Sprung von Afrika über den Südatlantik nach Südamerika. Jean Mermoz, Pilot bei der französischen Latécoère, flog in 21 Stunden von Senegal nach Brasilien, womit er den Postweg von Kontinent zu Kontinent von fünfzig auf zwei Tage verkürzen konnte.

Über dem Südatlantik

Lange zuvor schon, im Dezember 1919, war in Kolumbien die Sociedad Colombo-Alemana de Transportes Aéros (SCADTA) gegründet worden, die vor allem das weit im Landesinneren gelegene Bogota mit der Küste verbinden sollte. Im Sommer 1920 unternahm Helmuth von Krohn in einer Junkers F 13 den ersten Flug ins Binnenland. Nach mehreren Versuchsflügen nahm die SCADTA im darauffolgenden Jahr eine Linienverbindung zwischen Barranquilla und Girardot auf, die sich jedoch erst im Jahr 1929 bis Bogota erstrecken sollte. 1924 gründete die Gesellschaft mit der Deutschen Aero Lloyd das Condor Syndicat, das es sich zur Aufgabe machte, eine Strecke zwischen Kolumbien, Mittelamerika und den USA aufzumachen, die mit zwei Dornier-Wal-Flugbooten, „Atlantico" und „Pacifico" erkundet wurde. 1927 rief Luft Hansa in Rio de Janeiro die Sindicato Condor Limitation ins Leben, die mit einer Junkers G 24 W Erkundungsflüge in den Norden des Landes aufnahm. Die Luft Hansa war stark an einer Flugroute nach Südamerika interessiert, doch die Flugzeuge jener Zeit wiesen noch nicht die Reichweite und Sicherheit auf, um einen regelmäßigen Dienst zu ermöglichen. Vor allem die französische Latécoère bereitete Postflüge von Afrika nach Südamerika vor, was die Deutschen zur Eile antrieb. In der Kombination Flugzeug-Schiff-Flugzeug sahen Luft Hansa und Condor die Lösung ihrer Probleme. Da es jedoch schwierig war, mit einem vollgetankten Flugzeug nach der Übergabe der Post auf hoher See wieder zu starten, entschloß man sich zu Katapultstarts von speziell ausgerüsteten Schiffen aus; eine Praxis, die im Nordatlantikverkehr mit Heinkel He 12 und He 58 seit 1929 Routine war. Der erste planmäßige Flug startete im Februar 1934 mit einer Dornier Wal. Im Juni fanden die Postflüge bereits vierzehntägig statt, und Ende des Jahres nutzten 19 europäische Länder diesen Dienst, der die Postlaufzeit zwischen Europa und Südamerika auf dreieinhalb Tage verkürzte. Ab 1937 wurden neben der Wal auch Dornier Do 18 und später die Ha 139 von Blohm & Voss als Katapultflugzeuge eingesetzt. Doch 1939, nach 481 Flügen, mußte der Postdienst über den Südatlantik mit Ausbruch des Zweiten Weltkriegs eingestellt werden, und erst 1956 kehrte die Lufthansa mit einer Super Constellation nach Rio de Janeiro zurück.

Das Katapult-Postflugzeug Heinkel He 58 wird nach der Wasserung zur Übernahme auf die SS Europa vorbereitet.

Mit Hilfe eines Katapults startet diese Ha 139B von einem Schiff inmitten des Atlantiks zu ihrem Postflug Richtung USA.

Flugboote huckepack

Furore hatte 1931 die Überquerung des Südatlantiks durch das Flugschiff Dornier Do X gemacht, die in etwas über 13 Stunden von den Kapverdischen Inseln nach Brasilien geflogen war; von dort ging die Reise über die Karibik nach New York weiter. Die Maschine, die 169 Passagiere befördern konnte, wurde jedoch nie im Liniendienst eingesetzt, da sie sich als zu unwirtschaftlich erwies.

Bis ein regelmäßiger Nonstopdienst zwischen den beiden Kontinenten eingerichtet werden konnte, mußten noch einige Jahre vergehen und vor allem leistungsfähigere Flugzeuge entwickelt werden. Zu ihnen gehörte die Focke Wulf Fw 200 Condor, ein viermotoriges Langstrecken-Verkehrsflugzeug, das 26 Passagiere nonstop über den Atlantik befördern konnte. Sie flog erstmals im Spätsommer 1938 von Berlin über Schottland und Neufundland nach New York, das sie nach 24 Stunden und 36 Minuten erreichte.

Die britische Imperial Airways setzte auf den Nordatlantikstrecken ab 1937 die luxuriösen Flugboote Short S.23C ein, die bis zu 24 Passagiere transportieren konnte. Der Transatlantikdienst wurde mit Erkundungsflügen zwischen New York und den Bermudas offiziell am 16. Juni eröffnet. Imperial Airways und die amerikanische Pan American hatten ein Abkommen geschlossen, nach dem die Briten die Routen in Ost-West-Richtung mit ihren Short-, die Amerikaner in West-Ost-Richtung mit Sikorsky-S-42-Flugbooten erkunden sollten. 1938 fand der erste kommerzielle Flug in einer recht merkwürdigen Kombination, einer Short-Mayo, statt: Huckepack legte eine Short S.20 einen Teil der langen Strecke auf dem Rücken einer schwereren S.21 zurück, bis sie sich, beladen mit Post und Zeitungen, unterwegs von der unteren Maschine löste und ihre Fracht nach Montreal brachte. Erst der Zweite Weltkrieg brachte die wöchentlichen Luftpostdienste, die die Imperial inzwischen mit Short-S.30-Flugbooten eingerichtet hatte, zum Erliegen. Ähnlich ging es der Pan Am, die ihre erst Mitte 1939 mit der Boeing 314 „Yankee Clipper“ aufgenommenen Luftpost- und Passagierflüge zwischen New York und Marseille über die Azoren sowie auf einer nördlichen Route über Neufundland einstellen mußte.

Das riesige Flugboot Boeing 314 war unmittelbar vor dem Zweiten Weltkrieg zweifellos die Königin des Luftverkehrs.

Die Post geht ab

In den USA selbst waren die ersten regelmäßigen Flugverbindungen nach den wenig von Erfolg gekrönten Floridadiensten des P.E. Fransler im Jahre 1914 im Prinzip eine Folge der Prohibition. Denn ab 1919 beförderte die Aero Ltd. mit einem Curtiss-HS-2-Flugboot jene Landsleute, die ungestraft ein Gläschen trinken wollten, von Miami nach Nassau auf den Bahamas, wo der Alkoholkonsum ungeahndet blieb. Die Bahamas sind übrigens bis heute ein Sprungbrett in die Welt des Verbotenen geblieben, denn viele Amerikaner nutzen den Umweg über die vor der Küste Floridas gelegenen Inseln zu einem Abstecher in das boykottierte Kuba, wo es außer den berühmten Havannas auch vorzüglichen Rum zu kaufen gibt. Nach Havanna operierte später mit zweimotorigen Curtiss-75-Flugbooten die Aeromarine Airways zunächst als Luftpostdienst und ab 1921 als reiner Passagierflugbetrieb. Ein Jahr später übernahm sie auch die Strecke von Detroit nach Cleveland, was ihr jedoch nicht bekam, denn wieder ein Jahr darauf mußte sie ihren Betrieb einstellen. Wie in Europa stellte sich auch in den USA schnell heraus, daß das Überleben der kommerziellen Luftfahrt von staatlichen Subventionen abhängig war, und so übernahm der US Army Air Service mit der 1922 zu diesem Zweck gegründeten Model Airway die Entwicklung der zivilen Luftfahrt in der Neuen Welt. In den Jahren bis 1926 baute die Gesellschaft ein Streckennetz über den gesamten Kontinent aus. Bereits 1919 hatte das US Post Office ein transkontinentales Luftpostnetz mit ausgedienten Bombern de Havilland D.H.4 eröffnet, das ein Jahr später von New York bis San Francisco reichte. 1922 begann man damit, auch Nachtflüge durchzuführen, wozu in den folgenden vier Jahren auf der gesamten Flugstrecke Leuchtfeuer eingerichtet und die Landeplätze mit Anflugbefeuerungen versehen wurden. Um diese Zeit wurden die Luftpostdienste an private Unternehmen übertragen, wodurch diese erst auf finanziell gesunde Beine gestellt werden konnten, denn mit dem bescheidenen Passagieraufkommen jener ersten Jahre ließ sich kaum Geld verdienen. Durch die Luftpostverträge festigten sich die Strukturen in der amerikanischen Luftfahrt, und die großen Gesellschaften der Vorkriegszeit formierten sich. Dazu gehörten die Boeing Air Transport, die mit Boeing Model 40A flogen, die Robertson Aircraft Corporation, für die auch Charles Lindbergh arbeitete, die Ford Motor Company, die selbstverständlich ihre TriMotor einsetzte, die National Air Transport, die Western Air Express (WAE), sowie die Transcontinental Air Transport (TAT). Sie verfügten über die besten Strecken und kauften schwächere Gesellschaften auf, während die zwei letztgenannten der großen Gesellschaften selber in Schwierigkeiten gerieten und 1930 zur Transcontinental and Western Air Inc. (TWA) fusionieren mußten. Ein Jahr später entstand mit United Airlines die letzte der großen amerikanischen Airlines aus einer Holding zwischen der Boeing Air Transport und dem Triebwerkhersteller Pratt&Whitney, der diverse Übernahmen und Fusionen vorausgegangen waren.

Die Eroberung des Pazifiks

Wenig aufsehenerregend waren in den ausgehenden zwanziger Jahren die Anfänge der Pan Am, die bescheidene Liniendienste zwischen Miami, Key West und Kuba durchführte. Die amerikanische Regierung, aufgescheucht durch die Aktivitäten der Europäer in Südamerika, wollte den US-amerikanischen Einfluß in dieser Region stärken und gewann die kleine Pan Am für Ausland-Luftpostverträge. Dadurch gelang es der Gesellschaft, neue Verbindungen nicht nur in der Karibik, sondern entlang der ganzen Ost- und Westküste Südamerikas zu schaffen. Anfangs setzte Pan Am auf ihren Routen zweimotorige Sikorsky S-38 ein, die ab 1929 von den Flugbooten S-40 und noch später von S-42 abgelöst wurden. Im Auftrag der Pan Am übernahm es das Ehepaar Lindbergh, geeignete Strecken über den Pazifik zu erkunden, darunter auch die Polarroute von Amerika nach Asien. Pan-Am-Gründer Juan Trippe hatte seit Jahren versucht, einen Interkontinentalservice aufzubauen. Da er damals keine Streckenrechte über den Atlantik erhielt, wendete er sich dem Pazifik zu, wo er aus politischen Gründen – die Vereinigten Staaten weigerten sich, die Sowjetunion anzuerkennen, was Flüge über Nordasien vereitelte – sein Glück mit der weit schwierigeren Südroute versuchen mußte. Schon in den frühen zwanziger Jahren hatte die US Navy eine Flugverbindung zwischen Kalifornien und Hawaii erkunden wollen, doch fand der erste erfolgreiche Flug von San Francisco nach Honolulu erst im Juni 1927 statt. Den Australiern Charles E. Kingsford Smith und Charles T.P. Ulm gelang im Sommer darauf an Bord ihrer Fokker F-VII „Southern Cross" als ersten der lange Flug von San Francisco über Hawaii und die Fidschi-Inseln nach Brisbane in Australien. Die knapp 9000 Kilometer lange Strecke, die größtenteils über offenes Wasser führte, dauerte 83 Flugstunden und achteinhalb Tage. Nach Smiths Erstflug über den Pazifik versuchte viele, es ihm gleichzutun, doch nur wenigen war es vergönnt, den Ozean heil zu überqueren. Zu den bekanntesten Piloten, die an den Weiten des Pazifiks scheiterten, gehörte Amelia Earhart, die am 31. Mai 1937 in einer Lockheed Electra zu einem Rund-um-die-

Mit den für die damalige Zeit riesigen Sikorsky-Flugbooten wie dieser S-42 betrieb Pan Am den Luftverkehr über den Pazifik.

Bevor die Douglas DC-3 erschien, war Fords Tri-Motor das Standard-Muster bei vielen amerikanischen Fluggesellschaften.

Welt-Flug aufbrach. Doch am 2. Juli riß der Funkkontakt vor der Pazifikinsel Howland ab, von der aus sie Hawaii erreichen wollte; ihre Maschine wurde nie gefunden.

Erst sieben Jahre nach Smiths Erstflug gelang es auch der Pan Am, den ersten Passagierdienst über den Pazifik einzurichten. Geplant war, eine Verbindung von San Francisco nach Hawaii, zu den Inseln Midway, Wake und Guam sowie auf die Philippinen einzurichten. Geflogen werden sollte mit viermotorigen Flugbooten vom Typ Martin 130, von denen die Gesellschaft drei Exemplare orderte. Im November 1935 startete der „China Clipper“ von der Marinebasis Alameda bei San Francisco zum ersten regulären Postflug nach Manila. Elf Monate später folgten transpazifische Passagierdienste, die 1937 bis Hongkong ausgedehnt wurden. 1939 ging die Ära der Clipper zu Ende, als Pan Am sie durch Boeing-314-Flugboote ersetzte. Der Kriegseintritt Amerikas beendete auch die Pazifikdienste der Pan Am, denn da die Boeing Flugboote bis zur Entwicklung der DC-4 die einzigen Maschinen waren, mit denen vom amerikanischen Kontinent aus Hawaii erreicht werden konnte, gingen sie in den Besitz der US Navy über.

Amelia Earhart scheiterte 1937 bei dem Versuch, mit einer Lockheed Electra die Welt zu umrunden. Ihre Maschine wurde nie gefunden.

Mit der Douglas DC-7 endete gegen Ende der fünfziger Jahre die große Zeit der Langstreckenflugzeuge mit Kolbenmotoren.

Neubeginn

Erst nach dem Zweiten Weltkrieg konnte wieder ein regelmäßiger Liniendienst aufgenommen werden. Die Flugzeugindustrie hatte durch die auf Hochtouren laufende Rüstungmaschinerie einen Technologiesprung erlebt, und Flugzeuge wie die Lockheed Constellation, DC-4, DC-6 oder Boeing Stratocruiser verdrängten die riesigen Flugboote und bahnten den Fluggesellschaften in nur wenigen Stunden den Weg über die Weltmeere. Die Transatlantikflüge zwischen Kontinentaleuropa und den USA wurden wegen der immer noch kritischen Reichweite der Fluggeräte über das irische Städtchen Shannon geführt. Doch Ende der fünfziger Jahre kamen in Gestalt der Comet, der Douglas DC-8 und vor allem der Boeing 707 die leistungsstärkeren und schnelleren Düsenflugzeuge auf, die die alten Propellermaschinen schnell auf die Kurzstrecken verdrängten.

Die internationalen Fluggesellschaften nahmen bald nach Kriegsende ihre Geschäfte wieder auf, abgesehen von der Lufthansa, die erst im Jahr 1955 wieder an den Start gehen durfte. Doch der Krieg hatte seine Spuren in der zivilen Luftfahrt hinterlassen. Denn nachdem sich der Eiserne Vorhang über Europa gesenkt hatte, waren die Luftstraßen über Rußland und China gesperrt. Flüge nach Fernost mußten über die Polarroute mit Tankstop in Anchorage oder über die noch längere Südroute geführt werden. Erst seit dem Zusammenbruch der Sowjetunion und der Öffnung Chinas Ende der achtziger Jahre dürfen die westlichen Fluggesellschaften wieder direkt nach Asien fliegen, wodurch sie mehrere Stunden Flugzeit einsparen. Die Nachkriegszeit und die vergangenen Jahrzehnte brachten

ein unwahrscheinliches Wachstum hervor, das, nach einem schweren Einbruch Ende der achtziger, Anfang der neunziger Jahre, der beispielsweise der Traditionsfluggesellschaft Pan Am das Genick gebrochen hat, in den nächsten Jahren weiter anhalten wird. Alleine in Deutschland soll sich das Verkehrsaufkommen von 110 Millionen Passagieren Anfang 1998 auf über 200 Millionen Fluggäste im Jahr 2010 praktisch verdoppeln.

Dies und die gleichzeitig wachsende Konkurrenz führen heute wieder, ganz wie in den Anfangstagen der zivilen Luftfahrt, zu Preiskämpfen, die vor allem auf den Langstrecken ausgefochten werden. Und auch heute gibt es wieder eine Zeit der Konzentration und Konsolidierung, indem sich die internationalen Fluggesellschaften zu großen Allianzverbänden und Blöcken zusammenschließen. Den Anfang machten 1991 die amerikanische Northwest Airlines und KLM, die nächsten Jahre brachten weltweite Partnerschaften hervor wie die Star Alliance, bestehend aus Lufthansa, United Airlines, SAS, Air Canada, Thai Airways und VARIG, oder die im Herbst 1998 gegründete oneworld um British Airways, American Airlines, Qantas, Cathay Pacific und Canadian Airlines. Nur noch wenige internationale Fluggesellschaften agieren inzwischen ohne Allianzpartner, so daß Gefahr besteht, daß sie zwischen den mächtigen Blöcken zerrieben werden, falls sie es nicht schaffen, sich in einem Nischenmarkt, eventuell im Verbund mit anderen „Außenseitern", zu etablieren.

Obwohl sie nicht das erste düsengetriebene Verkehrsflugzeug war, bedeutete die Boeing 707 den wirklichen Durchbruch für die neue Technologie.

Europa

LUFTHANSA

Die europäische Luftfahrtindustrie hat seit dem Zweiten Weltkrieg einen Konzentrationsprozeß erlebt, der zunächst innerhalb der einzelnen Länder und in den letzten 30 Jahren auch grenzüberschreitend das Gesicht dieser Branche tiefgreifend verändert hat. Mit den Zusammenschlüssen und Kooperationen mußten nicht nur liebgewordene nationale Alleingänge aufgegeben werden, sondern es sind zum Bedauern vieler Traditionalisten auch die berühmten Namen der Luftfahrt weitgehend verschwunden. Die Heinkel und Messerschmitt gibt es heute genauso wenig wie Blériot oder Farman, Vickers oder Handley Page, und nur wenige Namen haben sich noch in Flugzeugbezeichnungen gerettet, wie es zum Beispiel bei den Hawker-Businessjets (heute von Raytheon produziert) oder der zweiten Auflage des BAe-146-Regionalflugzeugs, für den British Aerospace den Namen des Traditionsunternehmens Avro wieder ausgrub, zu beobachten ist.

Umgebaute Militärmaschinen für den Passagiertransport

Während die Luftfahrt in den Jahren vom ersten Flug der Gebrüder Wright bis zum Ersten Weltkrieg größtenteils noch in den Kinderschuhen steckte und im wesentlichen von abenteuerlustigen Einzelnen betrieben wurde, führte wieder einmal der Krieg als „Vater aller Dinge" zu deutlichen Fortschritten im Flugzeugbau, einhergehend mit einem besseren Verständnis der Grundprinzipien des Fliegens.

Waren die Flugzeuge der Vorkriegsjahre fast durchweg filigrane Konstruktionen aus Holz und Leinwandbespannung mit Platz für bestenfalls zwei Personen, so gab es gegen Ende des Ersten Weltkrieges – vor allem auf deutscher Seite – erste Ganzmetallflugzeuge, die ohne umfangreiche Verstrebungen und Verspannungen saubere Konstruktionen darstellten. Darüber hinaus sah man erste wahrhaft riesige Bomber, deren Abmessungen schon erkennen ließen, daß Flugzeuge in der Zukunft mehr sein konnten als bloß ein elitäres Transportmittel für vielleicht ein bis zwei Leute.

Die ersten für regelmäßige Passagierflüge genutzte Maschinen waren naturgemäß umgebaute Militärflugzeuge, wie die aus der D.H.9A entstandene de Havilland D.H.16 oder die Handley Page O/400, mit denen in Großbritannien 1919 erstmals Linienflüge aufgenommen wurden. In Frankreich war kurz vor Kriegsende die Farman FF.60 als zweimotoriger Bomber entwickelt worden, doch nach Ende der Kämpfe wurden die Prototypen für den Passagiertransport umgerüstet. Eine sechsköpfige Besatzung sorgte für die zwölf in zwei getrennten Kabinen untergebrachten Fluggäste der nun als F.60 Goliath bezeichneten Maschine, die zu den zahlenmäßig wichtigsten Verkehrsmaschinen der zwanziger Jahre gehörte und von der über 60 zivile Exemplare gefertigt wurden. Auch die Junkers F 13, die im Juni desselben Jahres erstmals flog und vielfach als

Zwischen 1920 und 1924 setzte die holländische KLM unter anderem die de Havilland D.H.9 ein.

Wenn es sein mußte, konnte man die unverwüstliche Junkers F13 auch auf Kufen setzen.

Urtyp der modernen Verkehrsflugzeuge angesehen wird, konnte ihren kriegerischen Hintergrund durch ihre Verwandschaft mit dem Junkers-Jagdflugzeug J10 nicht verleugnen. Der einmotorige Tiefdecker mit Platz für zwei Piloten und vier Passagiere, in Ganzmetallbauweise mit der für die nächsten Junkers-Modelle typischen Wellblechhaut gefertigt, wurde auf vielen Kurzstrecken in aller Welt zum Standardflugzeug der zwanziger Jahre; bis 1930 wurden 350 Exemplare gebaut.

Doch es gab auch schon „rein zivile" Entwürfe, und ebenfalls 1919 flog die F.II aus dem Haus des berühmten holländischen Konstrukteurs Anthony Fokker zum ersten Mal. Der einmotorige Hochdecker bot Platz für den Piloten und bis zu fünf Passagiere, von denen vier in einer geschlossenen Kabine untergebracht wurden, während der fünfte neben dem Piloten im offenen Cockpit saß. Die F.II war das erste in einer Reihe von erfolgreichen Fokker-Verkehrsflugzeugen, zu denen später auch die zehnsitzige F.VIIA gehörte, und etwa 30 Exemplare wurden gebaut.

Erste Großflugzeuge

Im ersten Nachkriegsjahrzehnt wurde eine beachtliche Zahl neuer Verkehrsflugzeuge entworfen, aber oftmals nur in geringen Auflagen gebaut. Das lag nicht zuletzt daran, daß in jedem der Länder unzählige in den Kriegsjahren entstandene Firmen ihre Produkte für den meistens sehr begrenzten heimischen Markt produzierten; nur wenige Flugzeuge wie die Fokker F.VIIA sowie Dorniers Komet oder Merkur kamen auch bei ausländischen Fluglinien zum Einsatz. Die Leistungen dieser aerodynamisch in den meisten Fällen noch nicht sonderlich ausgereiften Flugzeuge – vor allem in Großbritannien hielt man zudem lange Zeit an der bereits veralteten Bauweise aus Holz und Leinwand fest – waren noch bescheiden, die Reisegeschwindigkeiten lagen größtenteils unter 200 km/h, außerdem fehlten leistungsfähigere Motoren und es gab noch kein Einziehfahrwerk. An der Wende von den zwanziger zu den dreißiger Jahren entstanden in mehreren Ländern die ersten wirklich „großen" Flugzeuge. Die viermotorige Junkers G 38, die an frühere Nurflügelentwürfe Hugo Junkers' erinnerte und eine Spannweite von 44 Metern aufwies, konnte in Rumpf und Tragflächen (!) insgesamt 34 Passagiere aufnehmen, doch nur zwei Exemplare wurden gebaut und nach dem Erstflug am 6. November 1929 von der Luft Hansa eingesetzt.

Zur gleichen Zeit machte die riesige Dornier Do-X Schlagzeilen. Von zwölf jeweils 640 PS leistenden Curtiss-Motoren angetrieben, transportierte das ganz aus Metall gefertigte Flugboot bei einem Flug im Oktober 1929 die Rekordmenge von 170 Passagieren und Besatzungsmitgliedern. Und das zu einer Zeit, in der die meisten Flugzeuge gerade einmal ein Dutzend Fluggäste zu befördern vermochten! Dennoch war der Do-X, von der noch zwei weitere Exemplare mit Fiat-Motoren gebaut wurden, kein Erfolg beschieden. Sie hat zwar als technisch interessantes Produkt ihren Platz in der Luftfahrtgeschichte, aber letztlich war die Flugboot-Idee eine Sackgasse, wie sich schon kurz vor dem Zweiten Weltkrieg mit dem Auftauchen der ersten Langstrecken-Landflugzeuge zeigen sollte.

Zu den beeindruckendsten britischen Konstruktionen dieser Zeit gehörte der eigenwillige Doppeldecker Handley

Eine Fokker F II in Diensten der holländischen Fluggesellschaft KLM.

Diese Dornier Merkur II wurde von der deutsch-russischen Fluglinie Deruluft betrieben.

Page H.P.42, dessen Erstflug am 14. November 1930 erfolgte und die äußerlich jene Exzentrik verkörperte, die man den Engländern gemeinhin so gerne nachsagt. Je nach Einsatzort (lange Strecken nach Indien und Südafrika oder europäische Routen) konnten zwischen 24 und 38 Fluggäste in zwei Kabinen untergebracht werden. Die zwar langsamen, aber komfortablen Maschinen konnten zudem mit einer beeindruckenden Sicherheitsstatistik aufweisen. In den knapp zehn Jahren ihres Einsatzes verunglückte keine der acht für die Imperial Airways gebauten H.P.42.

Mit drei Motoren

Im März 1932 absolvierte dann eines der berühmtesten Verkehrsflugzeuge in den Jahren vor dem Zweiten Weltkrieg seinen Erstflug. Die aus der einmotorigen Ju 52/1m von 1930 entstandene Ju 52/3m zunächst mit drei Pratt & Whitney-, später auch BMW-, Junkers- und anderen Motoren wurde in weit über 5000 zivilen und militärischen Exemplaren in Deutschland und mehreren anderen Ländern gebaut und wie kein anderes deutsches Flugzeug zuvor erfolgreich exportiert. Die zuverlässige „Tante Ju" wurde ab 1932 an die Luft Hansa ausgeliefert, die über die Jahre insgesamt 230 Maschinen dieses Typs in ihrer Flotte betrieb.

Auch aus Italien kamen in dieser Zeit erfolgreiche dreimotorige Flugzeuge, so die von Savoia-Marchetti produzierten S.73 und S.M.75. Die erstgenannte Maschine, die unter anderem auch von der belgischen Sabena eingesetzt wurde, konnte 18 Fluggäste befördern, die S.M.75, die bereits über ein Einziehfahrwerk verfügte, bot gar Platz für 30 Passagiere.

Bei der Junkers G38 saßen die Passagiere nicht nur im Rumpf, sondern auch in den Flügeln.

Air France setzte ab 1936 neben der zweimotorigen Bloch M.B.220, die äußerlich an die DC-3 erinnerte, aber deren Wirtschaftlichkeit bei weitem nicht erreichte, auch 30 Exemplare der mit drei Hispano-Suiza-Sternmotoren ausgerüstete Dewoitine D.338 ein, die zwar nicht gerade eine Schönheit war, aber als äußerst zuverlässig galt.

Großbritannien, durch seine überseeischen Kolonien von Anfang an darauf angewiesen, mit Flugzeugen große Distanzen zu überbrücken, setzte lange auf Flugboote, und ab 1929 stellte Imperial Airways fünf Exemplare der Short S.8 Calcutta in Dienst. Am bekanntesten wurden jedoch die S.23, S.30 und S.33 Empire- oder C-Klasse-Flugboote. Die aus Metall gefertigten Maschinen konnten 17 Passagiere aufnehmen, und die vier Bristol-Pegasus-Sternmotoren verhalfen der Empire zu der erstaunlichen Höchstgeschwindigkeit von über 300 Stundenkilometern. 1939 folgten drei Exemplare der größeren G-Klasse (oder S.26), aber mit Ausbruch des zweiten Weltkriegs wurde der Bau weiterer Maschinen gestoppt.

In den dreißiger und frühen vierziger Jahren war die dreimotorige Junkers Ju 52 das wichtigste Flugzeug auf den nationalen und internationalen Strecken der Lufthansa.

Mit der Fw 200 auf Langstrecke

Der Krieg verhinderte dann auch, daß die in nur wenig über einem Jahr entwickelte Focke-Wulf Fw 200 und die noch größere Junkers Ju 90 als erste wirkliche Langstreckenflugzeuge den Erfolg der Ju 52 wiederholen konnten. Die von Kurt Tank entwickelte Fw 200 „Condor" machte vor allem mit ihren Rekordflügen des Jahres 1938 auf sich aufmerksam, als sie die Strecke von Berlin nach New York in knapp 25 Stunden zurücklegte und für den Rückweg sogar nur 20 Stunden benötigte. Zwar wurden bis 1939 noch einige Maschinen an Lufthansa und andere Fluggesellschaften übergeben, aber die „Condor" kam hauptsächlich als Fernaufklärer und Bomber zum Einsatz. Die Ju 90 entstand als zivile Version des erfolglos gebliebenen Bombers Ju 89 und flog erstmals am 28. August 1937. Der über drei Meter breite Rumpf bot Platz für bis zu 53 Passagiere. Acht Exemplare fanden den Weg zur Lufthansa, ehe auch die Ju 90 den Weg vieler Verkehrsflugzeuge ging und als Ju 290 zum Militärtransporter umgerüstet wurde.

Die von Kurt Tank konstruierte Focke Wulf Fw 200 bewies auf ihren Rekordflügen 1938, daß sie das Potential gehabt hätte, das erste wirkliche Langstrecken-Landflugzeug zu werden.

Durch den Ausbruch des Zweiten Weltkriegs fanden nur noch wenige Fw 200 den Weg zu zivilen Kunden; die meisten Exemplare wurden statt dessen als Fernaufklärer eingesetzt.

D-ACON
CONDOR
CON
D-A

NORDMARK
LUFTHANSA

Wiederaufbau

Nach dem Ende des Zweiten Weltkriegs versuchten die Luftfahrtindustrien der europäischen Länder mit unterschiedlichem Erfolg, an die Vorkriegszeit anzuknüpfen. Viele der erfahrenen deutschen Konstrukteure waren mehr oder weniger freiwillig in die UdSSR oder die USA gegangen bzw. in andere Länder emigriert, zumal der Flugzeugbau in ihrem Heimatland bis auf weiteres verboten war. Daher blieb das Feld in Europa größtenteils den Siegernationen England und Frankreich überlassen. In Großbritannien hatte sich das Brabazon-Komitee bereits seit 1942 mit den Anforderungen des Luftverkehrs nach Kriegsende befaßt, aber weil die daraufhin entstandenen Modelle 1945 noch nicht zur Verfügung standen, begann der Friedensluftverkehr auf der Insel mit umgerüsteten Militärmaschinen wie der Avro York, die als Militärtransporter aus dem viermotorigen Bomber Avro Lancaster hervorgegangen war. Aber auch umgerüstete Bomber wie die Lancastrian oder die von der Handley-Page Halifax abgeleitete Halton wurden von der BOAC und anderen britischen Fluglinien eingesetzt.
Von den auf Grundlage der Brabazon-Empfehlungen entstandenen Modellen waren eigentlich nur die Kurzstreckenmaschine de Havilland Dove für bis zu elf Passagiere, die viermotorige Vickers Viscount, die als erstes im Linienverkehr eingesetztes Flugzeug mit Turboproptriebwerken bis in die neunziger Jahren hinein im Einsatz stand, und der erste Verkehrsjet überhaupt, die de Havilland D.H.106 Comet, erfolgreich. Die meisten Entwürfe, allen voran die Langstreckenmaschine Bristol Brabazon, stellten sich jedoch als teure Fehlschläge heraus.
Der ganz große Erfolg blieb aber auch der Comet, deren Prototyp am 27. Juli 1949 zu seinem Erstflug startete, versagt. Ab 2. Mai 1952 im Linienverkehr eingesetzt, beendete eine Absturzserie 1953 und 1954, bei der Materialermüdung die Ursache war, vorerst ihre Karriere. Zwar nahm man nach Abschluß der Untersuchungen die Produktion weder auf, aber zu diesem Zeitpunkt waren die Amerikaner mit ihren Produkten schon zu weit voraus.
Nicht viel anders ging es der von vier Bristol-Proteus-Propellerturbinen angetriebenen Bristol Britannia, die nach vielen Verzögerungen erst 1957 in Dienst gestellt werden konnte und zu diesem Zeitpunkt schon keine Chance gegen die neuen Jets mehr hatte.
In Frankreich griff Sud-Est direkt nach Kriegsende einen Bloch-Entwurf von 1939 wieder auf und präsentierte die viermotorige SE 161 „Languedoc", von der 40 Exemplare

Die Vickers Viscount war eines der erfolgreicheren britischen Turboprop-Flugzeuge.

Die britische de Havilland Comet war das erste düsengetriebene Verkehrsflugzeug der Welt.

Turboprop-Muster wie die Bristol Britannia wurden sehr bald durch die ersten Jets ersetzt.

Sud Aviation Caravelle.

Dassault Mercure.

VFW 614.

Die in der DDR entwickelte 152.

an Air France und weitere sechs an die polnische LOT geliefert wurden. Als letztes im eigenen Land produziertes Flugzeug mit Kolbenmotoren übernahm die inzwischen verstaatlichte Air France ab 1952 die Breguet Br.763 Provence, eine doppelstöckige und recht klobige Maschine für maximal 135 Fluggäste, die auf Kurz- und Mittelstrecken eingesetzt wurde.

Flugzeuge mit Turbopropantrieb überließ man weitgehend den Briten und Amerikanern, und das nächste wirklich erfolgreiche französische Projekt war die zweistrahlige Caravelle, nach der britischen Comet das zweite düsengetriebene Verkehrsflugzeug und dieser sehr ähnlich. Die Triebwerksanordnung am Heck machte die Maschine jedoch leiser und angenehmer für die Passagiere. Ursprünglich war der Antrieb durch drei Snecma-Atar-Triebwerke vorgesehen, doch der endgültige Entwurf SE 210 verfügte schließlich über zwei Rolls-Royce-Avon-Turbinen. Eine Caravelle VII erhielt General-Electric-Triebwerke und sollte von Douglas in den USA verkauft werden, eine der vielen transatlantischen Kooperationen, die sich dann wieder zerschlugen, weil die Eigeninteressen der US-Firmen (diesmal in Gestalt der DC-9) den Vorrang erhielten.

Die als Konkurrenz zur Boeing 737 gedachte und dieser auch sehr ähnliche Dassault Mercure, Ende der sechziger/Anfang der siebziger Jahre entwickelt, blieb dagegen glücklos und kam über eine Miniserie von zehn Maschinen für die französische Air Inter nie hinaus.

In Deutschland war bis zum Inkrafttreten der Pariser Verträge über eine weitgehende Souveränität der Bundesrepublik am 5. Mai 1955 an die eigene Entwicklung von Verkehrsflugzeugen überhaupt nicht zu denken, und die verbliebenen Unternehmen, die zum Teil – wie Heinkel – erst in Westdeutschland Fuß fassen mußten, weil ihre Büros und Werke nun in der DDR lagen, beschäftigten sich vorrangig mit der Lizenzfertigung von Flugzeugen wie der französischen Noratlas, der italienischen G-91 oder ab 1960 der amerikanischen Lockheed F-104 „Starfighter“.

Erst mit dem in Kooperation mit Frankreich entstandenen Transporter „Transall“, an dem auf deutscher Seite der Hamburger Flugzeugbau (HFB – die ehemalige Blohm & Voss) und die in den dreißiger Jahren gegründete Weser-Flugzeugbau (WFG) beteiligt waren, konnten wieder Erfahrungen beim Entwurf moderner Flugzeuge gesammelt werden. Nach der Fusion von WFG und der Focke-Wulf Flugzeugbau zu den Vereinigten Flugtechnischen Werken (VFW) entstand Anfang der siebziger Jahre mit der VFW 614 ein erster Regionaljet für bis zu 44 Passagiere, der vor allem durch seine ungewöhnliche Konfiguration auffiel – die zwei Rolls-Royce/Snecma-Turbinen waren auf den Tragflächen montiert, um den Einsatz auch von unbefestigten Pisten zu ermöglichen. Wodurch die VFW 614 nicht auffiel, waren Verkaufserfolge, und so kam 1978 nach nur 19 produzierten Maschinen bereits das Ende.

In der DDR war schon Ende der fünfziger Jahre unter der Leitung des aus der Sowjetunion zurückgekehrten Konstrukteurs Brunolf Baade eine vierstrahlige Maschine mit der schlichten Bezeichnung „152“ entstanden, das erste deutsche Düsenverkehrsflugzeug mit einer Kapazität von bis zu 76 Passagieren. Nach dem Absturz des Prototypen bei seinem zweiten Flug, aufgrund mangelnder Nachfrage aus osteuropäischen Ländern und wohl auch, weil das ambitionierte Projekt eine Nummer zu groß war für die praktisch aus dem Boden gestampfte DDR-Luftfahrtindustrie, wurde das Projekt 1961 eingestellt.

Der schwierige Weg zur Airbus Industrie

Die Tatsache, daß zu stark an den Bedürfnissen der jeweiligen nationalen Fluglinien orientierten Entwürfen – die Vickers VC10 (für BOAC) oder die de Havilland Trident (für BEA) in Großbritannien sind klassische Beispiele – Werkaufserfolge außerhalb ihres Heimatlandes fast durchweg versagt blieben, führte bei einer zunehmenden Zahl von Verantwortlichen in Industrie und Politik zur Erkenntnis, daß die Zukunft wohl nur in einer grenzüberschreitenden Zusammenarbeit liegen konnte. Trotz vielfach vorhandener Animositäten hatte es schon einige positive Beispiele gegeben, so zum Beispiel, als Sud-Est für die Caravelle-Prototypen praktisch das Comet-Cockpit übernahm und natürlich beim Überschallprojekt Concorde.

Mitte der sechziger Jahre gab es bereits erste Kontakte zwischen britischen, deutschen und französischen Stellen, bei denen Entwicklung und Bau eines neuen Verkehrsflugzeugs im Mittelpunkt standen. In Deutschland war 1965 die „Arbeitsgemeinschaft Airbus“ zunächst unter Beteiligung der damals noch selbständigen Unternehmen Messerschmitt, Dornier, HFB und Siebel/ATG gegründet worden.

Im Mai 1969 wurde schließlich der Airbus-Vertrag zwischen der deutschen und der französischen Regierung unterzeichnet, und Ende 1970 gründeten Aerospatiale und die aus der Arbeitsgemeinschaft Airbus hervorgegangene Deutsche Airbus das neue Unternehmen Airbus Industrie.

Am Ende des eingangs erwähnten Konzentrationsprozesses in der europäischen Luftfahrtindustrie wird das heutige Airbus-Konsortium als dann einheitliches und eigenständiges Unternehmen nicht nur für den Vertrieb der Airbus-Modelle und die Kundenbetreuung zuständig sein, sondern die mit Entwicklung sowie Produktion von großen Verkehrsflugzeugen befaßten Aktivitäten der einzelnen Partner und vielleicht auch deren Militär- und Regionalflugzeugsparten umfassen.

Charakteristisches Merkmal der letzten Version der an sich dreistrahligen Hawker Siddeley Trident war ein kleines viertes Triebwerk im Heck der Maschine.

Aerospatiale / British Aerospace Concorde
Schneller als der Schall

Schon 1960 arbeiteten die britische Bristol und die französische Sud Aviation unabhängig voneinander an einem Programm für den Passagiertransport im Überschallbereich. Zahlreiche Gespräche mit Fluggesellschaften ergaben, daß Interesse an einem derartigen Flugzeug vor allem für die Transatlantikstrecken bestand, doch Sud Aviation arbeitete kurzfristig auch an einem Überschalljet für Kurz- und Mittelstrecken. Wegen der enorm hohen Entwicklungskosten und der Ähnlichkeit der Projekte – die englische „Bristol 233" und die französische „Super Caravelle", so die jeweiligen Arbeitstitel, unterschieden sich in Konzeption und Design nur marginal – beschlossen die beiden Regierungen im Jahr 1962, den Überschalljet als Gemeinschaftsprojekt mit je fünfzig Prozent Anteilen zu entwickeln. Bristol ging in der British Aircraft Corporation auf, die nun ihre Entwürfe mit denen der Sud Aviation, die wiederum später in Aerospatiale aufging, zusammenlegte. Heraus kam ein Jet mit schmaler, stromlinienförmiger Zelle und Delta-Flügeln, an deren Unterseiten je zwei Triebwerke angebracht wurden, während sich die Tragflächenspitzen leicht nach oben wölbten. Ein raffiniertes Tanksystem trimmte das Flugzeug der Länge nach aus, indem der Treibstoff vor allem in der Beschleunigungsphase zwischen den einzelnen Tanks hin- und hergepumpt wurde. Die hoch sitzende und lange Flugzeugnase konnte für Start, Landung und Rollen abgesenkt werden, um den Piloten die Sicht auf die Piste zu erleichtern. In der Kabine fanden in einer zwei-und-zwei-Bestuhlung 128 Passagiere Platz, jedoch sind die heute fliegenden Concordes aus Gründen der Bequemlichkeit nur mit 120 Sesseln bestuhlt. Zunächst wurden zwei Prototypen gebaut, so daß der Erstflug am 2. März 1969 in Toulouse stattfinden konnte. Ihm folgte ein langes Flugerprobungsprogramm, in dessen Verlauf noch einmal zwei vorserienmäßige Exemplare gebaut wurden. Zum Zeitpunkt ihres Erstfluges lagen für die Concorde 75 Optionen verschiedener Airlines vor, darunter auch drei der Deutschen Lufthansa. Anfang der siebziger Jahre ließ jedoch die Ölkrise die Treibstoffpreise in die Höhe schnellen, woraufhin alle Fluggesellschaften ihre Optionen auf den Überschalljet mit seinen vier spritfressenden Rolls-Royce/Snecma-Olympus-602-Triebwerken annullierten. Einzig British Airways und Air France wurden von ihren im Concorde-Programm involvierten Regierungen angewiesen, je acht Maschinen in Dienst zu stellen; die hohen Betriebskosten sollten jeweils vom Staat übernommen werden. Am 21. Januar 1976 wurde die Concorde erstmals im regulären Passagierdienst auf der Strecke von London nach Bahrein bzw. von Paris nach Rio de Janeiro eingesetzt, während sie später fast ausschließlich auf den Transatlantikrouten von Paris bzw. London nach New York flog. Obwohl die Concorde bislang fast ein Vierteljahrhundert im Einsatz stand, wird sie wahrscheinlich noch weit bis in das nächste Jahrtausend hinein fliegen, zumal ihre Flugzeugzelle auf eine Lebensdauer von 45000 Flugstunden ausgelegt war, von denen sie etwa erst die Hälfte der Zeit in der Luft verbracht hat. Bis heute ist die Concorde in der Zivilluftfahrt ein Unikum, da neuere Projekte eines Überschalljets aufgrund technischer Schwierigkeiten und vor allem horrender Entwicklungskosten immer wieder fallengelassen wurden, obgleich sich Boeing und die ehemalige McDonnell Douglas wiederholt mit einem „Supersonic"-Jet beschäftigt haben. Jedoch hat der französische Hersteller Dassault im Jahr 1998 die Entwicklung eines Überschall-Geschäftsreiseflugzeugs angekündigt.

Als einziges überschallschnelles Verkehrsflugzeug steht die Concorde heute noch im Einsatz.

Airbus A300
Der erste Europäer

Hätten die amerikanischen Hersteller vor gut 30 Jahren auf ihre Kunden gehört, gäbe es heute womöglich keine A300 und damit vielleicht auch keine Airbus Industrie, die ihren Teil mit dazu beigetragen hat, daß mit Ausnahme von Boeing alle einstmals klangvollen Namen unter den US-Produzenten von Verkehrsflugzeugen verschwunden sind.

In einem nach seinem Verfasser als Kolk-Papier bezeichneten Lastenheft hatte der technische Direktor von American Airlines Mitte der sechziger Jahre die Anforderungen an ein künftiges zweistrahliges Mittelstreckenflugzeug für ungefähr 250 Passagiere niedergelegt; Anforderungen, denen die spätere A300B ziemlich exakt entsprach, wenngleich ihr der große Erfolg bei amerikanischen Fluglinien – von einige Ausnahmen abgesehen – trotzdem versagt blieb. Nebenbei bemerkt entstanden als US-Antwort auf das Kolk-Papier die nahezu identischen Modelle DC-10 und L-1011, beide mit drei Triebwerken und beide weit davon entfernt, wirkliche Kassenknüller zu werden.

Ende Juni 1967 wurde von den damals unter dem Airbus-Dach vereinten Unternehmen ein gemeinsames Projekt unter der Bezeichnung A300 vorgelegt, das eine Kapazität von 300 Passagieren (daher der Name) vorsah. Die Ingenieure des kleinen Airbus-Teams unter Leitung von Roger Beteille erkannten jedoch recht bald, daß das vorgeschlagene Flugzeug zu groß sein würde. Zudem drohte der ursprünglich vorgesehene Antrieb Rolls-Royce RB.207 nicht zuletzt durch das Desinteresse des britischen Triebwerkherstellers, der gerade mit der Entwicklung des RB.211 für die TriStar vollauf beschäftigt war, zu einem Problem zu

Mit der A300 begann die Erfolgsgeschichte der Airbus Industrie, die zum ernstzunehmenden Herausforderer der amerikanischen Hersteller wurde.

PAN AM
PAN AM
F-WZEC
AIRBUS A310
F-WZMI
AIRBUS A300

PAN AM
Clipper Los Angeles

werden. Deshalb wurde in aller Heimlichkeit parallel an einer A300B für nur 250 Fluggäste gearbeitet, für deren Antrieb gleich drei Triebwerke in Frage kamen; neben dem RB.211 auch das Pratt & Whitney JT9 und das CF6 von General Electric. Nach dem zwischenzeitlichen Ausstieg der britischen Regierung wurde auf dem Aerosalon 1969 ein französisch-deutscher Regierungsvertrag über die Entwicklung dieses Airbus A300B, der einen Rumpfdurchmesser von 5,64 Meter aufweisen sollte, unterzeichnet.
Am 28. September 1972 präsentierte das Airbus-Konsortium in Toulouse den ersten Prototypen der nun als A300B1 bezeichneten Maschine. Als die französische Staatslinie Air France Befürchtungen äußerte, die A300B könne in der vorgelegten Konfiguration nicht ausreichend günstige Betriebskosten liefern, beschlossen die Airbus-Verantwortlichen, bereits den dritten Prototypen in einer verlängerten Version mit knapp 20 zusätzlichen Passagiersitzen unter der neuen Bezeichnung A300B2 zu bauen.
Nach dem Erstflug der B1 am 28. Oktober 1972 erfolgte die Zulassung der A300B2 mit CF6-50-Triebwerken von General Electric am 15. März 1974, und eine gute Woche später nahm Air France mit der neuen Mittelstreckenmaschine den Liniendienst auf. Die schwerere A300B4, die zudem eine größere Reichweite aufwies, folgte Ende März 1975.
Im Lauf der Zeit machten die beiden ersten Serienversionen der A300, von denen insgesamt 248 Exemplare an Airlines in alle Welt ausgeliefert wurden, eine ganze Reihe von Entwicklungen durch, die unter anderem dazu führten, daß das maximale Abfluggewicht von ursprünglich gut 130 auf 142 Tonnen bei der B2 und von anfänglich 150 auf schließlich 165 Tonnen bei der B4 gesteigert wurde.
Auf den ersten Auftrag über sechs Maschinen (plus zehn Optionen) durch Air France im November 1971 folgte die Deutsche Lufthansa im Mai 1973 mit einer Bestellung von drei Flugzeugen und Optionen auf weitere vier Maschinen. Nach einigen ebenfalls kleineren Aufträgen beispielsweise von Korean Air Lines und South African Airways führte die weltweite wirtschaftliche Depression zu Beginn der siebziger Jahre in Verbindung mit der Skepsis vieler Fluglinien angesichts vorangegangener europäischer Fehlschläge dazu, daß in Toulouse eine Reihe von White Tails, also Flugzeuge, für die es keine Kunden gab, produziert wurden.
Der Durchbruch erfolgte erst 1977, als Eastern-Airlines-Boß Frank Borman, der als Astronaut mit Apollo 8 den Mond umrundet hatte, vier A300B4 leaste und im darauffolgenden Jahr 23 Maschinen bestellte. 1978 und 1979 konnten zudem über 15 weitere Fluglinien als Kunden für den zweistrahligen Jet gewonnen werden.
Am 8. Juli 1983 startete die erste A300-600 zu ihrem Jungfernflug, die sich äußerlich zwar kaum von den vorangegangenen Versionen unterschied, aber aufgrund der Übernahme des Zweimann-Cockpits der A310 sowie einiger Modifikationen an den Tragflächenhinterkanten, der Fertigung von Landeklappen und Spoilern aus Kohlefaser-Verbundwerkstoffen und der kleinen Wingtips an den Flügelspitzen ein ganz anderes Flugzeug mit deutlich besseren Leistungen darstellt. Thai Airways übernahm 1985 ihre erste Maschine. Ein Trimmtank im Höhenleitwerk sowie optionale Zusatztanks im Laderaum machten ab 1988 aus der A300-600 die -600R mit einer Reichweite von bis zu 7700 Kilometern.

Airbus A310
Zu wenig Reichweite

Die Airbus-Vordenken hatten von vorn herein – wenn auch zunächst nur im Verborgenen – eine ganze Familie von Flugzeugen vorgesehen, denn bereits Anfang der siebziger Jahre war erkennbar, daß die Airlines Bedarf auch an einer unterhalb der A300 angesiedelten Maschine hatten. Deshalb arbeitete man schon sehr früh an einer weiteren Version, die zunächst als B10 oder „Minimum Change" bezeichnet wurde und nichts weiter als eine Verkürzung des A300B2-Rumpfes unter Beibehaltung aller übrigen Bauteile vorsah.
Nach Kaufverpflichtungen von Swissair, LH und Air France fiel 1978 die Entscheidung für das neue, nun A310 genannte Modell, dessen
Rumpf um 6,90 Meter gegenüber der A300 verkürzt wurde, so daß etwa 210 Passagiere an Bord untergebracht werden konnten.
Etwa zur gleichen Zeit kündigte Boeing unter großem Medienwirbel die 7X7 an, aus der dann später die 767 wurde, und es stellte sich heraus, daß die A310 mit dem ursprünglichen Flügel nicht konkurrenzfähig sein würde. Ein deutsch-französisches Team – die Briten liebäugelten zu diesem Zeitpunkt mit einer Mitarbeit an der Boeing 757, beteiligten sich später aber doch an der A310 – entwarf also einen völlig neuen Tragflügel mit einem sogenannten transsonischen oder superkritischen Profil, das sich durch eine gleichmäßige Geschwindigkeitsverteilung an der Oberseite auszeichnete.
Den Projektingenieuren wäre zwar bei einem größeren Flügel, der spätere Gewichtssteigerungen und Reichweitenvergrößerungen ermöglicht hätte, wohler gewesen. Aber die Erstkunden Swissair und vor allem Lufthansa –

beide übernahmen 1983 auch die ersten Maschinen – bestanden auf einem für ihre Kurzstrecken optimierten Flugzeug; sie trugen damit in gewisser Weise Mitschuld am – jedenfalls im Vergleich zur Boeing 767 mit ihrer deutliche größeren Reichweite – geringeren Erfolg der A310.

Airbus Industrie verzichtete bei diesem völlig glatten Flügel, der ohne die sonst üblichen Grenzschichtzäune und andere aerodynamische „Krücken" auskommt, im übrigen auf die äußeren Querruder – die Quersteuerung der Maschine erfolgt mit den Außenspoilern.

Wenngleich die Verkaufszahlen vielleicht hinter den Erwartungen zurückblieben, so war die A310 doch in vieler Hinsicht ein wichtiger Schritt für den europäischen Hersteller, denn eine ganze Reihe technischer Neuerungen wurde mit diesem Typ erstmals in einem Verkehrsflugzeug erprobt und eingesetzt. So erhielt die A310 ein komplett neugestaltetes und mit Hilfe von Porsche-Designern entwickeltes Zwei-Mann-Cockpit. Das seitlich installierte Instrumentenbrett des Flugingenieurs fehlte, alle notwendigen Anzeigen wurden auf der Instrumententafel im Blickfeld der Piloten oder auf dem Overheadpanel untergebracht. Gleichzeitig wurden die herkömmlichen Rundinstrumente durch vier – im Verhältnis zu den heute gebräuchlichen Displays noch kleine – CRT-Bildschirme ersetzt.

Für die A310 entwickelte Airbus Industrie neue Tragflächen und ein Zwei-Mann-Cockpit, in dem erstmals Bildschirme Verwendung fanden.

Die bei der Dasa in Stade hergestellte Seitenflosse bestand vollständig aus Kohlefaser-Verbundwerkstoff (CFK), und der Kunststoffanteil allgemein war so hoch wie niemals zuvor bei einem Verkehrsflugzeug. Die Sekundärsteuerung der A310, die am 3. April 1982 zum ersten Mal abhob, wurde erstmals komplett als „Fly by Wire"-System ausgelegt.

Im Juli 1985 erfolgte der Erstflug der A310-300, die über zusätzliche Trimmtanks in der Höheflosse und dank der dadurch vergrößerten Treibstoffkapazität über eine bessere Reichweite verfügte. Zudem erhielt sie kleine Grenzschichtzäune, sogenannte „Wingtip Fences" an den Tragflächenenden, die auch bei späteren A310-200 installiert wurden.

Airbus A320-Familie
Technologiesprung

Die um das Modell A320 herum gruppierte Familie von Kurz- und Mittelstreckenflugzeugen war zweifellos das Produkt, mit dem Airbus Industrie der Durchbruch auf dem Weltmarkt gelang. Die A320 stellte Mitte der achtziger Jahre das erste neue Flugzeug dieser Größenordnung seit mehr als 20 Jahren dar, und mit mittlerweile weit über 1800 Bestellungen hat die A320-Familie auch die Boeing 727 als Zweitplazierter unter den meistverkauften westlichen Düsenverkehrsmaschinen abgelöst.
Anfänglich votierten einige Airbus-Stammkunden wie die Lufthansa gegen das geplante Projekt, da für sie zunächst die Langstreckenprojekte TA9 und TA11, aus denen später die A330 bzw. A340 hervorgingen, Priorität hatten. Sie argumentierten unter anderem, daß mit der 737-300 und den dann folgenden Versionen -400 und -500 ein zwar nicht wirklich neues, aber zumindest verbessertes Kurzstreckenmuster zur Verfügung stand. Auch der zur DC-9 Super 80 und dann zur MD-80 weiterentwickelten jüngste DC-9-Abkömmling sprach nach Ansicht vieler gegen das Airbus-Projekt, das sich zudem starker Gegenpropaganda aus den USA ausgesetzt sah, wo vor allem Boeing die Notwendigkeit einer Neuentwicklung in diesem Marktsegment energisch bestritt und statt dessen auf den in naher Zukunft kommenden Propfan verwies – der dann wie so viele Boeing-Ankündigungen nie verwirklicht wurde.
Dessenungeachtet gab Airbus Industrie im März 1984 den offiziellen Startschuß für den als A320 bezeichneten 150-Sitzer, der entweder mit CFM56-Triebwerken von CFMI oder mit dem neuen V2500 der International Aero Engines (IAE) ausgerüstet werden sollte. An IAE war auch Rolls-Royce beteiligt, eine wichtige Voraussetzung, um an britische Fördergelder für die Entwicklungskosten zu kommen.
Die Airbus-Entwickler um Roger Beteille setzten für ihren neuen Flieger auf soviel Technologie wie möglich, weil sich anders kein Vorteil gegenüber den Mitbewerbern, die

Bis zu 220 Passagiere können an Bord des größten Mitglieds der A320-Familie, der in Hamburg gebauten A321, befördert werden.

Die A320-Familie wird nicht nur im Linienverkehr eingesetzt, sondern – wie diese A319 der Eurowings – auch für Charterflüge verwendet.

auf ihren großen Kundenstamm vertrauen konnten, ergeben würde. Folgerichtig wurden bei der A320 in bis dahin nicht gekanntem Umfang Verbundwerkstoffe verwendet und beispielsweise das komplette Leitwerk mit allen Flossen und Rudern aus Composites gefertigt.

Die bedeutendste Innovation war jedoch zweifelsohne das „Fly by Wire"-System. Die herkömmliche Übermittlung der vom Piloten mittels Knüppel und Pedale gegebenen Steuerkommandos über Seile und Stangen zu den Rudern wurde durch eine elektronische Übertragung ersetzt. Es bestand keine direkte Verbindung mehr zwischen den Eingaben der Piloten und den primären Steuerflächen, vielmehr wurden alle Befehle aus dem Cockpit erst durch einen Computer geschickt, der erkennen sollte, ob der Pilot mit seinem Handeln das Flugzeug in einen unkontrollierten Flugzustand bringen würde. Einen klassischen Steuerknüppel gab es in der A320 ebenfalls nicht mehr; er wurde durch einen Sidestick ersetzt, was den Piloten einen ungehinderten Blick auf die Instrumente ermöglichte.

Die A320 sorgte in den Anfangsjahren auch aufgrund einiger Abstürze durchaus für negative Schlagzeilen, begünstigt zudem durch einige ungeschickte Äußerungen von Airbus-Verantwortlichen, die das Flugzeug quasi als „idiotensicher" verkauften. Dabei erforderte die Maschine keinesfalls weniger, sondern ein speziell auf die Erfordernisse der neuen Technologie abgestimmtes Training, und die meisten der Zwischenfälle ließen sich nicht auf ein Versagen der High-Tech an Bord, sondern eher auf die Unerfahrenheit der Besatzung bzw. sogar deren Unwillen, mit der neuen Technologie zu arbeiten, zurückführen.

Im März 1988 stellte Air France die erste A320-100 in Dienst. Diese ursprüngliche Version wurde jedoch sehr schnell durch die A320-200 mit einem zusätzlichen Tank im Tragflächen-Mittelstück und kleinen Wingtips an den Flügelspitzen abgelöst.

Die im November 1989 vorgestellte A321 zeigte Airbus Industrie in einer ganz neuen und bis dahin ungewohnten Situation, denn die zur Entwicklung benötigte – allerdings relativ geringe – Summe von 480 Mio. Dollar konnte problemlos auf dem Kapitalmarkt beschafft werden. Die A321 war im wesentlichen eine um zwei zusätzliche Rumpfsegmente gestreckte Version des Ausgangsmodells

FLUGHAF

N WIEN
AUSTRIAN AIRLINES
AUSTRIA 1000 YEARS 996-1996
PINZGAU

mit Platz für bis zu 220 Passagiere, die darüber hinaus über ein stärkeres Fahrgestell und Doppelspaltklappen an den Tragflächenhinterkanten verfügte.
Für die A321 wurden Endmontage und Ausrüstung der Maschinen an einem Ort, nämlich bei der Dasa Airbus in Hamburg-Finkenwerder, zusammengefaßt, während die A320 von da an vollständig in Toulouse fertiggestellt werden sollte. Die erste Bestellung für den neuen und bislang längsten Standardrumpf-Airbus kam von Alitalia, wobei in diesem Zusammenhang auch das italienische Unternehmen Alenia als Zulieferer mit ins Programm genommen wurde.
Die zum erste Mal am 11. März 1993 geflogene A321 sollte – auch – eine Herausforderung für Boeings 757 sein, was aber aufgrund der etwas zu geringen Reichweite für transkontinentale Verbindungen innerhalb der USA nicht ganz gelang.
Als bis dahin kleinestes Mitglied der A320-Familie stellte Airbus Industrie im Jahr des A321-Erstflugs die ebenfalls in Hamburg gefertigte A319 vor. Sie war für die Beförderung von normalerweise 124 Passagieren ausgelegt, die in einem um 3,73 Meter gegenüber der A320 verkürzten Rumpf untergebracht wurden.
Auf der Farnborough Airshow 1998 wurde mit der A318 eine nochmals verkleinerte Version für maximal 117 Fluggäste präsentiert, nachdem ein zuvor gemeinsam mit China und Singapur betriebenes Hundertsitzer-Projekt gescheitert war. Als Antrieb war vorerst – aber keinesfalls exklusiv – die Pratt&Whitney-Neuentwicklung PW6000 vorgesehen, ansonsten wurden die A320-Systeme weitgehend beibehalten.

Airbus A330
Angriff auf die Boeing 767

Das aus den bereits Mitte der siebziger Jahre angedachten Projekten TA-9 und TA-11 (bzw. B9 und B11, analog zur B10/A310) hervorgegangene Doppelprogramm A330/A340 wurde im Juni 1987 offiziell vorgestellt. Mit den beiden Ma-

Die A330-200 wird aufgrund ihrer Reichweite und Passagierkapazität von vielen Ferienfluggesellschaften geschätzt.

schinen, die den Rumpfquerschnitt der A300/310 mit ihren zwei Mittelgängen beibehielten, wollte Airbus Industrie einerseits eine Alternative zur bereits etablierten Boeing 767 und den ebenfalls in der Planung befindlichen Modellen Boeing 777 sowie MD-11 bieten, andererseits aber auch Flugzeuge auf den Markt bringen, die in der Lage sein würden, ältere dreistrahlige DC-10 oder L-1011 abzulösen.
Man erkannte bald, daß sich die beiden Vorgaben – zum einen ein Flugzeug für lange Mittelstrecken, zum anderen eine Maschine für extreme Langstrecken mit einem Verkehrsaufkommen, das den Einsatz der 747 nicht rechtfertigte – mit nur einem Tragflügel realisieren ließen.
Der daraufhin neuentwickelte Flügel zeichnete sich durch das sehr hohe Streckungsverhältnis von 10:1 aus und verfügte über Winglets an den Flügelspitzen.
Die beiden Langstreckenprojekte, deren Verwirklichung vor allem die Lufthansa gerne früher gesehen hätte, profitierten durch das Vorziehen des Single-Aisle-Programms von Innovationen und Erkenntnissen, die im Zusammenhang mit der A320-Entwicklung entstanden bzw. gewonnen wurden, und verfügten selbstverständlich über eine „Fly by wire“-Steuerung.
Die Cockpits von A330 und A340 waren weitgehend identisch zu denen der A320-Familie, so daß Piloten mit geringem Trainingsaufwand von den Standardrumpfflugzeugen auf die Widebodies und umgekehrt umgeschult werden konnten.
Beide Flugzeuge wurden – quasi als Gegenleistung für die Verlegung der A321- (und später der A319-) Fertigung nach Hamburg – in Toulouse endmontiert und dort auch ausgerüstet, wobei Aerospatiale eigens eine neue Halle errichtete, die nach einem französischen Luftfahrtpionier den Namen Clement Ader trug.
Die A330 unterschied sich praktisch nicht von der A340, wenn man von den nur zwei Triebwerken, die an den gleichen Stellen angebracht wurden, an denen bei der A340 die inneren Triebwerke saßen, und den naturgemäß erforderlichen Veränderungen am Treibstoffsystem absah.
Von Anfang an standen für das neue zweistrahlige Muster drei Triebwerke zur Auswahl, was die Maschine zwar für die Kunden interessanter machte, aber zu einem harten und für die Hersteller verlustreichen Kampf um Marktanteile führte.
Der Erstflug der A330, die anfangs nur in einer Version für 335 Fluggäste bei einer 2-Klassen-Bestuhlung angeboten wurde, erfolgte am 2. November 1992, ein gutes Jahr später übernahm die französische Air Inter die ersten Maschinen für ihre Flotte.
Seit 1996 bot Airbus Industrie die A330 auch in einer verkürzten Version als A330-200 an, um einerseits ältere A300-600 zu ersetzen und andererseits endlich der Boeing 767 Paroli zu bieten, die mittlerweile vor allem auf dem Nordatlantik und bei vielen Ferienfluggesellschaften zur Standardausstattung gehörte.
Gegenüber ihrer größeren Schwester wurde die A330-200 um zehn Spanten oder 4,7 Meter verkürzt und erhielt ein neues, größeres Seitenleitwerk, um bei einem Triebwerksausfall das erforderliche Gegenmoment aufbringen zu können. Die nun maximal 380 Fluggäste fassende Maschine wurde für ein größeres Abfluggewicht ausgelegt, wobei ein Tank im Flügel-Mittelstück die Mitnahme zusätzlichen Treibstoffs gestattete.
Besonders Charterairlines zeigten sich von den Einsatzmöglichkeiten angesichts der Reichweite und der Passagierkapazität überzeugt, aber auch Liniengesellschaften wie Swissair oder Sabena orderten die A330-200, um damit MD-11 oder 747 zu ersetzen.

Airbus A340
Die 747-Alternative

Was als Teil des Doppelprogramms A330/A340 als Flugzeug für normalerweise etwa 295 Passagiere und mit einer Reichweite von maximal 13350 Kilometer begann, hat sich im Laufe der Jahre als ernsthafte Alternative zur Boeing 747 herausgestellt.
Wie bereits an anderer Stelle erwähnt, gehörte vor allem Lufthansa zu den Befürwortern eines Airbus-Langstreckenflugzeugs, das den Jumbo auf Strecken mit geringerem Passagieraufkommen ablösen sollte. Folgerichtig war die deutsche Fluglinie 1987 auch unter den Launching Customers der A340 und übernahm zusammen mit Air France im März 1993 die ersten Maschinen in den Liniendienst.
Für Rumpf und Tragflächen der A340 gilt im wesentlichen dasselbe wie für die A330, mit Ausnahme einiger kleinerer Veränderungen am Treibstoffsystem, die die beiden zusätzlichen Triebwerke mit sich brachten.
Das Programm litt anfangs ein wenig unter der Nichtverfügbarkeit geeigneter Antriebe. Nachdem IAE erkennen mußte, daß das angebotene Superfan-Triebwerk auf Basis des V2500 nicht die garantierte Leistung von 127 kN erbringen würde, konnte Airbus nur auf das zwar verbrauchsgünstige, aber für ein Flugzeug dieser Größe eigentlich zu schwache CFM56-5C zurückgreifen, was der A340 zu nicht gerade überragenden Steigleistungen verhalf und ihr überdies den Spott einbrachte, das einzige Flugzeug mit fünf APUs zu sein. Auch das zu kurz geratene Bugfahrwerk, das dazu führte, daß der Kabinenboden

Lufthansa
SAS
Thai

AIR CANADA
D-AIBA
UNITED AIRLINES
BA

Das vierstrahlige Langstreckenmuster Airbus A340 hat bei einer Reihe von Airlines den Jumbo-Jet Boeing 747 ersetzt.

des geparkten Flugzeugs zum Bug hin abfiel, sorgte für spöttische Bemerkungen.
Anders als ihre zweimotorige Schwester A330 wurde die A340 von Anfang an in zwei Versionen angeboten, als A340-300 für normalerweise 295 Passagiere in einer 3-Klassen-Auslegung und als kleinere A340-200 für 263 Fluggäste mit einer etwas größeren Reichweite. Der Erstflug der A340-300 erfolgte am 25. Oktober 1991, und im Frühjahr 1993 nahm das neue Langstreckenflugzeug den Liniendienst auf. Aus der A340-200 wurde später durch den Einbau von Zusatztanks im hinteren Frachtraum die A340-8000, die eine Reichweite von etwa 8000 Seemeilen (14800 km) aufwies.
Ersten Airbus-Vorschlägen für eine gestreckte A340 unter Beibehaltung der Tragflächen und der Triebwerke konnten die Fluglinien nichts abgewinnen, und so stellte das europäische Konsortium im Dezember 1997 zwei neue Versionen mit den Bezeichnungen A340-500 und -600 vor. Erstere sollte bei einer nur unwesentlich gegenüber der -300 erhöhten Passagierkapazität die größte Reichweite aller Verkehrsflugzeuge bieten und den Airlines damit ermöglichen, extreme Langstrecken von über 15000 Kilometern zu fliegen, für die nach Auffassung von Airbus Industrie ein zweistrahliges Flugzeug nicht geeignet war.
Die A340-600 bot dagegen aufgrund ihrer Kapazität (380 Sitze bei einer 3-Klassen-Auslegung) die Möglichkeit, in die Jahre gekommene Boeing 747-100 und -200 durch ein verbrauchsgünstigeres Flugzeug zu ersetzen.
Um mit dem höheren Abfluggewicht fertigzuwerden, wurden die Tragflächen um 20,4 Prozent vergrößert. Dies geschah zum einen durch Einfügen eines sich von der Flügelwurzel zur -spitze hin verjüngenden Einsatzes in den Flügelkasten sowie durch eine Erhöhung der Spannweite um etwa drei Meter. Aufgrund dieser Maßnahmen vergrößerte sich das mitzuführende Treibstoffvolumen um fast 40 Prozent, und die Reisegeschwindigkeit konnte von Mach 0,82 auf Mach 0,83 angehoben werden.
Das zentrale Hauptfahrwerk erhielt nun vier statt zwei Räder, das Bugfahrwerk wurde verlängert und mit größeren Reifen ausgestattet. Das verhältnismäßig kleine Leitwerk der ersten beiden A340-Varianten mußte vergrößert werden, wobei Höhenflosse und -ruder eine Neuentwicklung darstellten, während das Seitenleitwerk von der A330-200 übernommen werden konnte.
Wenngleich Airbus Industrie die Cockpitgestaltung im Prinzip unverändert ließ, wurden die sechs CRT-Bildschirme durch modernere Flüssigkristalldisplays (LCDs) ersetzt. Als Antrieb wählte Airbus das Trent 500 von Rolls-Royce. Dieses Triebwerk stellte keine komplette Neuent-

wicklung dar, sondern verband den Fan des Trent 700 mit dem Kerntriebwerk des Trent 800 sowie einer neuen Niederdruckturbine. Erste Auslieferungen waren für das Jahr 2002 vorgesehen.

Airbus A3XX
Der Super-Jumbo

Mit der A3XX wollte Airbus Industrie nicht nur das Monopol des ewigen Konkurrenten Boeing bei den Großraumflugzeugen für über 400 Passagiere brechen, sondern auch eine neue Dimension im Luftverkehr aufstoßen. Schließlich sollte der Airbus-Jumbo als erstes Verkehrsflugzeug über zwei komplette Passagierdecks verfügen.
Mit Entwicklungskosten von geschätzten zehn Milliarden Dollar handelte es sich hierbei sicherlich um das bis dahin ambitionierteste Airbus-Flugzeugprogramm, nachdem sich Anfang der neunziger Jahre Überlegungen zerschlagen hatten, ein solches Flugzeug in Kooperation zwischen Boeing und dem europäischen Konsortium herzustellen. 1996 nahm die eigens gegründete „Large Aircraft Division" bei Airbus Industrie die Arbeit auf. Ihre Aufgabe bestand nicht zuletzt darin sicherzustellen, daß die Sitzmeilenkosten der A3XX die der Boeing 747-400 um mindestens 15 Prozent unterboten. Zudem mußte gewährleistet sein, daß die riesigen Maschinen mit einer Länge und Spannweite von jeweils knapp unter 80 Metern soweit wie möglich die existierenden Flughafeneinrichtungen verwenden konnten.
Von Anfang an waren mehrere Varianten geplant, ausgehend von der Standardversion A3XX-100 für 555 Passagiere in einer 3-Klassen-Auslegung. Eine spätere Langstreckenversion mit der Bezeichnung A3XX-100R mit einer Reichweite von bis zu 16200 Kilometern war ebenso vorgesehen wie eine A3XX-200, die normalerweise etwa 656 Fluggäste in First-, Business- und Economy-Klasse transportieren sollte, so daß in einer reinen Charterbestuhlung ein Flugzeug für annähernd 1000 Passagiere entstehen würde. Ab 1998 war dann auch von einer Version A3XX-50 für etwa 480 Passagiere die Rede, die die große Lücke zwischen der A340-600 und der A3XX-100 schließen helfen sollte.
Als Antrieb der vierstrahligen Maschine waren entweder das Trent 900 von Rolls-Royce oder das GP7000 der Engine Alliance, einem Zusammenschluß von General Electric und Pratt&Whitney, vorgesehen.
Beim Erscheinen dieses Buches waren noch eine ganze Menge technischer Probleme zu lösen, wozu nicht zuletzt die Frage gehört, wie eine sichere Evakuierung der Passa-

Mit der A3XX will Airbus Industrie dem Konkurrenten Boeing das Monopol bei den Flugzeugen mit 400 und mehr Sitzen streitig machen.

giere aus dem Oberdeck erfolgen sollte. Unklarheiten bestanden auch noch über einen geeigneten Endmontageort, da sich die riesigen Rumpfsegmente einer A3XX nicht wie bei den anderen Programmen mit der „Beluga“ transportieren lassen würden. Dennoch hoffte Airbus Industrie, das Programm offiziell 1999 starten zu können.

ATR 42
Renner im Regionalverkehr

1981 schlossen die französische Aerospatiale und die italienische Aeritalia (heute Alenia) ein Kooperationsabkommen, in dessen Rahmen sie ein zweimotoriges und vierzigsitziges Regionalflugzeug entwickeln wollten. Die beiden Unternehmen hatten zuvor bereits an eigenen Entwürfen gearbeitet, die nun im ATR-Programm zusammengelegt wurden. Es entstand ein für damalige Verhältnisse Flugzeug der neuesten Generation in Gestalt der ATR 42-300 mit zwei Pratt&Whitney-Canada-Triebwerken PW120, das in seiner Basisversion 48 Passagiere aufnehmen konnte. Rumpf und Leitwerk wurden in Italien gebaut, während die Franzosen für die Fertigung der Tragflächen, Triebwerksgondeln, das Cockpit sowie die Endmontage verantwortlich zeichneten. Auch das Einfliegen der Maschinen fand in Toulouse statt, wo im August 1984 der Prototyp zu seinem Erstflug startete. Im Jahr darauf konnte das neue Regionalflugzeug zertifiziert und an seinen Erstkunden Air Littoral übergeben werden. Diese Basisversion, die unter der Bezeichnung ATR 42 Cargo auch als Quick-Change-Variante angeboten wurde und eine Reichweite von maximal 1185 Kilometern hatte, erfuhr als Modell 42-320 eine erste Änderung, als die stärkeren PW121-Triebwerke, ebenfalls von Pratt&Whitney Canada, eingesetzt wurden. Das verschaffte dem Vierzigsitzer bessere Leistungen unter sogenannten „Hot and High“-Bedingungen. Durch abermalige Verbesserung der Leistung durch den Einsatz von PW121A-Triebwerken entstand die 42-400 mit einer gesteigerten Reichweite von mehr 1700 Kilometern. 1990 wurde bereits die 200. Maschine ausgeliefert, Anfang 1993 standen schon 250 der Turboprops weltweit im Einsatz. Mit dem Launch der Serie 500 fand in jenem Jahr eine gründliche Überarbeitung des Flugzeugs statt. Die bisherigen Pratt&Whitney-Canada-Triebwerke PW121 wurden durch die der Baureihe PW127 abgelöst, außerdem erhielt die Maschine anstelle des alten Vierblatt- nun einen Sechsblatt-Propeller von Hamilton Standard Ratier. Die Modifizierungen senkten nicht nur den Lärmpegel, sondern verbesserten abermals die Leistung der Maschine. Im Sinne der Flotten-

Die ATR 42-500 ist die vorläufig letzte Version des in Kooperation von Aerospatiale Matra und Alenia gebauten Regionalflugzeugs ATR 42.

kommunalität wurden Cockpit und Avionik denen der größeren ATR 72-210A angeglichen, die Kabine neu gestaltet, wobei vor allem Wert auf lärmmindernde Maßnahmen gelegt wurde, die Reisegeschwindigkeit von den 500 Stundenkilometern der Version 42-320 auf 563 Stundenkilometer sowie die Reichweite um fast 200 Kilometer gesteigert. Zur Erhöhung des maximalen Abfluggewichts wurden Tragflächen und Flugzeugzelle verstärkt. Nachdem die ATR 42-500 1994 ihren Erstflug erlebte, erfolgte im Juli 1995 die Zulassung, und die erste Maschine konnte im darauffolgenden Oktober an Air Dolomiti ausgeliefert werden. Erst ein knappes Jahr später erhielt die Maschine auch die US-amerikanische FAA-Zertifizierung, um anschließend an den ersten amerikanischen Kunden Continental Express übergeben zu werden.

ATR 72
Lückenfüller

Nach dem Erfolg der ATR 42 erfolgte im Januar 1986 der Programmstart der ATR 72, die in ihrer Basisversion für 68 Passagiere ausgelegt war. Die Maschine sollte die Lücke zwischen den traditionellen Regional-, also zu diesem Zeitpunkt ausschließlich Turbopropflugzeugen mit 50 Sitzen, und den kleinsten Jets mit einer Kapazität von gut 100 Fluggästen füllen, zumal Marktstudien einen enormen Bedarf an Regionalflugzeugen dieser Größenordnung prophezeiten. Nach dem Erstflug des ersten von drei Prototypen im Oktober 1988 erfolgte die französische und danach die US-amerikanische Zulassung der neuen Maschine im darauffolgenden Jahr. Auf den Tag genau ein Jahr nach ihrem Erstflug wurde die erste ATR 72-200 am 27. Oktober 1989 bei der finnischen Karair in Dienst gestellt. Von ihrer kleineren Schwester ATR 42 unterschied sich die neue Version im wesentlichen dadurch, daß sie eine um 4,5 Meter verlängerte Zelle sowie dem gestreckten Rumpf angepaßte, überarbeitete Tragflügel aufwies. Die Triebwerksverkleidungen wurden erstmals zu 30 Prozent aus Verbundwerkstoffen gefertigt, ebenso wie die Längsspanten in den Tragflächen und der Flügelkasten. Wie die ATR 42 wurde auch die ATR 72, die zunächst mit PW124-Triebwerken von Pratt&Whitney Canada ausgestattet war, in einer Version -210 für den Einsatz in extremen klimatischen bzw. geographischen Verhältnissen angeboten, wobei sie auf das PW127 umgerüstet wurde. Die maximalen Reichweite von etwas über 2000 Kilometern wurde dabei nicht verbessert, jedoch konnte die Reisegeschwindigkeit von 516 Stundenkilometern leicht ge-

ATR 42 und die größere ATR 72 waren gegen Ende der neunziger Jahre die vorherrschenden Muster bei vielen Regionalfluggesellschaften Europas.

steigert werden. Die jüngste Version der ATR 72 ist die -500, die im Juli 1996 ihren Erstflug absolvierte und nach einem sechsmonatigen Flugtestprogramm im Januar 1997 zertifiziert wurde. Als direktes Derivat der 72-210 wurde sie einige Zeit unter dem Namen 72-210A vermarktet. Durch den neuen Sechsblatt-Propeller ist sie äußerlich leicht von den älteren Varianten mit nur vier Propellerblättern zu unterscheiden. Auch die Kabine wurde überholt, wobei die Gepäckfächer um 40 Prozent vergrößert wurden, die zwei-und-zwei-Bestuhlung aber wie bei allen anderen Versionen der ATR-Familie erhalten blieb. Unsichtbar blieben jedoch die Modifikationen an der Struktur, um den Geräuschpegel und die Vibrationen in der Kabine zu reduzieren. Spezielle lärmabsorbierende Materialien und Vibrationsdämpfer wurden außerdem in der Kabine verarbeitet. Die Leistungsdaten der 72-210A wurden soweit optimiert, daß der Turboprop schließlich vollbeladen von einer weniger als 1000 Meter langen Piste abheben konnte.

Noch 1995 plante man eine Weiterentwicklung der ATR 72, nämlich die gestreckte sogenannte ATR 82, die 78 Passagieren Platz bieten und von Allison-Triebwerken AE 2100 angetrieben werden sollte. Das Vorhaben wurde jedoch mit der Bildung der mittlerweile nicht mehr existenten AI(R) wieder fallengelassen. Die ATR-Regionalflugzeugfamilie war und ist mit über 500 gebauten Exemplaren äußerst erfolgreich und bot vor allem durch die Kommunalität ihrer jeweils jüngsten Derivate – gleiche Triebwerke, gleiche Propeller, gleiches Cockpit – den Fluggesellschaften die Möglichkeit, zwei Flugzeuge unterschiedlicher Größe vergleichsweise kostengünstig zu betreiben.

Wie viele britische Entwürfe der fünfziger und sechziger Jahre litt auch die BAC 1-11 darunter, daß sie zu sehr auf den Heimatmarkt zugeschnitten war.

BAC 1-11
Bescheidener Erfolg

Für die im aufkommenden Jetzeitalter nicht gerade von Erfolgen verwöhnte britische Luftfahrtindustrie – trotz der Tatsache, daß man mit der „Comet" das erste Düsenverkehrsflugzeug überhaupt produziert hatte – war die „One Eleven", so ihr populärer Name, zumindest ein kleiner Erfolg. Zwar konnten die ungefähr zur gleichen Zeit präsentierte DC-9 und etwas später die 737 die größeren Marktanteile für sich verbuchen, doch verließen immerhin 232 Exemplare der BAC 1-11 die Endmontagehallen in England, ehe die Produktion Anfang der achtziger Jahre nach Rumänien verlagert wurde.

Weniger vielleicht als bei der Vickers VC-10 und der Trident mag auch bei der „One Eleven“, die ihre Karriere 1956 als 32- bis 48-sitziger Jet mit der Bezeichnung Hunting H.107 begonnen hatte, der Umstand, daß sich die Entwickler zu sehr an den Bedürfnissen des lokalen Marktes orientiert hatten, eine wirklich große Verbreitung verhindert haben. Daß die BAC 1-11 dennoch kein schlechter Wurf war, belegt die Tatsache, daß auch Ende 1998 noch mehrere Dutzend Exemplare in aller Welt im Einsatz standen. Im Laufe der vergleichsweise langen Entwicklung, die mit dem Erstflug im August 1963 ihren vorläufigen Abschluß fand, war die Kapazität im übrigen auf 89 Passagiere gewachsen, und in der erfolgreichsten Version 1-11-500 konnten sogar 119 Personen befördert werden. Bereits sehr früh wurde die „One Eleven“ in verschiedenen Varianten angeboten, wobei die Serien 200, 300 und 400 von den äußeren Abmessungen her identisch waren. Die letzten beiden wiesen allerdings ein erhöhtes Abfluggewicht und größere Reichweiten auf, die 1-11-400 war zudem speziell auf die Bedürfnisse des amerikanischen Marktes abgestimmt, denn trotz der Konkurrenz durch die DC-9 konnte die British Aircraft Corporation (BAC) Fluglinien wie Braniff und American Airlines für ihr Produkt interessieren.

Der Prototyp der gestreckten BAC 1-11-500, eine umgebaute -400, flog erstmals am 30. Juni 1967, und als letzte in Großbritannien entwickelte Version entstand ab 1970 die 1-11-475, im Prinzip eine Kombination aus dem Rumpf der Serie 400 sowie dem Tragwerk und dem Antrieb der Serie 500.

BAe ATP
Konkurrenz im eigenen Haus

Das Schicksal der ATP bzw. der Jetstream 61, wie die Maschine ab 1994 heißen sollte, war besiegelt, als sich British Aerospace und ATR zur kurzlebigen Aero International (Regional) zusammenschlossen. Um Konkurrenz im eigenen Haus zur zudem weitaus erfolgreicheren ATR 72 zu vermeiden, wurden die Verkaufsbemühungen für den britischen 70-Sitzer kurzerhand eingestellt.

Die ATP (für Advanced TurboProp) war ab 1984 als verlängerte, modernisierte und mit PW126-Triebwerken von Pratt & Whitney Canada sowie Sechs-Blatt-Propellern ausgerüstete Weiterentwicklung der BAe 748 entstanden und

Das bis zu 72-sitzige Regionalflugzeug British Aerospace ATP (oder Jetstream 61) wurde nur in geringer Stückzahl gebaut.

in knapp 70 Exemplaren gebaut worden. In der vergrößerten Kabine konnten bis zu 72 Passagiere untergebracht werden, wenngleich die Standardversion für 64 bis 68 Fluggäste ausgelegt war. Die Umbenennung in Jetstream 61 ging einher mit kleineren Modifikationen in der Kabine, vergleichbar der der kleineren J41, dem Wechsel zu stärkeren PW127D-Propellerturbinen sowie einer Erhöhung des Abfluggewichts und der Reichweite, doch das Ende für die J61 kam, ehe eine Maschine verkauft werden konnte.

BAe 146 und Avro RJ
Zwei Triebwerke zuviel

Das Flugzeug, das 1970 als Avro RJ vorgestellt wurde, hatte zu diesem Zeitpunkt schon eine recht bewegte Vergangenheit hinter sich, die auch die in Großbritanniens Luftfahrtindustrie häufig anzutreffenden Verwirrspiele hinsichtlich der gerade aktuellen Typenbezeichnung einschloß.
Hawker Siddeley Aviation hatte zu Beginn der siebziger Jahre angekündigt, mit staatlicher Unterstützung ein vierstrahliges Kurzstreckenflugzeug zu entwickeln, doch eine sich dramatisch verschlechternde wirtschaftliche Lage in Großbritannien führte dazu, daß die HS.146 zunächst einmal wieder in der Schublade verschwand. British Aerospace holte die Pläne 1978 wieder hervor, und drei Jahre später erlebte der durchaus ungewöhnliche Entwurf mit vier unter den Tragflächen des Schulterdeckers angebrachten ALF502-Triebwerken seinen Erstflug. In der bullig wirkenden Maschine mit dem neuen Namen BAe 146-100 konnten bei enger Bestuhlung mit sechs Sitzen pro Reihe über neunzig Passagiere befördert werden; die nahezu gleichzeitig angebotene gestreckte BAe 146-200 und ab 1987 auch die nochmals verlängerte Version -300 boten sogar 109 bzw. 119 Personen Platz.
1992 möbelte British Aerospace die drei Muster mit neuen – und zuverlässigeren – LF507-Turbofans auf, optimierte sie für den Einsatz auf Regionalstrecken, legte beim maximalen Startgewicht ein paar Pfund drauf und versah die Maschinen mit digitaler Avionik. Um zu unterstreichen, daß es sich um ein „neues“ Flugzeug handelte, grub man einen alten Traditionsnamen wieder aus und überließ die Fertigung der modifizierten Muster der neugeschaffenen Avro International, einer eigenständigen BAe-Gesellschaft. Im Gegensatz zur ursprünglichen BAe 146 wurde ein

Die amerikanische Mesaba, die Regionalstrecken im Auftrag von Northwest Airlines bedient, ist einer der größten Betreiber von Avro RJ85.

sabena

Großteil der Avro RJ für den Einsatz bei Regionalgesellschaften nur mit fünf Sitzen pro Reihe ausgestattet, so daß die Avro RJ70 in den meisten Fällen auch wirklich ein 70-Sitzer war.

Angesichts neuer Konkurrenz durch Fairchilds 728JET-Familie und Bombardiers CRJ-700 (und eventuell den geplanten 90-sitzigen BRJ-X) erwog man bei British Aerospace Regional, die aufgrund ihrer vier Triebwerke unwirtschaftlichen RJs mit neuen Antrieben auszustatten, die um 15 Prozent niedrigere direkte Betriebskosten, Gewichtsreduzierungen sowie Einsparungen bei der Wartung ermöglichen sollten.Aus den zur Verfügung stehenden Triebwerken wurde schließlich das AS 900 ausgewählt.

Hawker Siddeley HS.748
Bewegte Laufbahn

Die „748“ war ein gutes Beispiel für die Umwälzungen, die die britische Luftfahrtindustrie – ebenso wie die deutsche – in den letzten gut 30 Jahren durchgemacht hat. Sie begann ihr Leben 1958 als 20-sitziges Zubringerflugzeug unter dem Namen Avro 748. Nachdem Avro als Folge der ersten großen Konzentrationswelle in der Hawker-Siddeley-Gruppe aufgegangen war, hieß die mittlerweile auf 48 Sitze gewachsene Maschine HS.748, ehe sie nach der Zusammenlegung von Hawker Siddeley und British Aircraft Corporation zur British Aerospace ihre (fast) endgültige Bezeichnung BAe 748 erhielt. Fast endgültig, denn eine direkte Weiterentwicklung wurde als BAe ATP (siehe weiter unten) produziert und wäre schließlich – wenn nicht der zeitweilige Zusammenschluß von British Aerospace Regional und ATR zur AI(R) das Aus für das Programm bedeutet hätte – zur Jetstream 61 geworden.

Der erste Prototyp, aus dem schließlich die HS.748 Serie 1 hervorgehen sollte, absolvierte am 24. Juni 1960 seinen Jungfernflug, und im Dezember des darauffolgenden Jahres wurde das neue Muster erstmals im Linienbetrieb eingesetzt.

Auf diese erste Serie folgten sehr bald die HS.748 der Serie 2 mit einigen strukturellen Verstärkungen und einem höherem Abfluggewicht bzw. 2A (ab 1967), die außerdem noch leistungsfähigere Triebwerke Rolls-Royce Dart Rda.7 erhielt. Die Maschinen der Serie 2B wiesen ab 1977 aerodynamische und andere Verbesserungen zur Reduzierung der Betriebskosten sowie eine größere Spannweite auf,

Die HS.748 war auch außerhalb ihres Heimatmarktes Großbritannien sehr erfolgreich und wird heute noch häufig in Asien und Südamerika eingesetzt.

doch das Spitzenmodell der 748 sollte von 1984 bis zum Auslaufen der Produktion 1988 die aus der 2B entstandene Super 748 werden, die ein völlig neues, modernes Cockpit und ein modifiziertes Kabinenlayout erhielt.
Unter den insgesamt mehr als 380 gefertigten Maschinen waren etwa 160, die bei der indischen HAL in Lizenz produziert wurden.

Jetstream 31
Schwerer Weg zum Erfolg

Am Beginn der Jetstream-31-Karriere stand ein Konkurs – und zwar der ihres ursprünglichen Erbauers, der traditionsreichen Firma Handley Page, die unbeeindruckt von der Konsolidierung in der britischen Luftfahrtindustrie als eigenständiges Unternehmen weiterbestanden hatte.
Die ursprüngliche Jetstream 1 von 1967, deren durch Gewichts- und Widerstandsprobleme in die Höhe getriebenen Entwicklungskosten durchaus ihren Teil zu den finanziellen Problemen ihres Herstellers beitrugen, wurde noch von Turbomeca-Astazou-Propellerturbinen angetrieben, ebenso wie die Jetstream 2, die nach dem Aus für Handley Page von der eigens gegründeten Jetstream Aircraft bzw. schließlich von Scottish Aviation als Jetstream 200 für 12 bis 19 Passagiere gebaut wurde. Nachdem Scottish Aviation Anfang 1978 im neugeschaffenen Riesen British Aerospace aufgegangen war, wurde die Entwicklung einer neuen Version mit (damals noch Garrett, heute AlliedSignal) TPE331-Triebwerken von 940 PS unter der Bezeichnung Jetstream 31 angekündigt, deren Prototyp erstmals am 28. März 1980 flog. Ab 1988 erhielt die „Super 31" oder auch J32 eine leistungsgesteigerte Version des TPE331 und ein höheres maximales Abfluggewicht. AMT, die Leasinggesellschaft von British Aerospace Regional, bot seit 1997 für die von ihr vertriebenen J32 ein sogenanntes EP- (enhanced performance) Paket an, das die Leistungen der Maschine bei Einsätzen unter „hot & high"-Bedingungen verbessern sollte.

Die Jetstream 31, deren Entwicklung bereits in den sechziger Jahren begonnen wurde, erwies sich nicht als großer Erfolg.

Jetstream 41
Kurze Karriere

Ein langes und erfolgreiches Dasein am Luftfahrthimmel war der Jetstream 41 nicht vergönnt. Der wichtigste Grund dafür dürfte der Umstand sein, daß sie im Prinzip – ähnlich wie die Dornier 328 – zu spät auf einen Markt kam, der zu diesem Zeitpunkt schon unter einem Überangebot an

Dank seiner robusten Bauweise ist das Zubringerflugzeug Britten-Norman Islander auch für den Einsatz von unbefestigten Pisten geeignet.

30-Sitzern wie der Dash 8-100/200, der Saab 340 oder der EMB-120 litt.

Augenscheinlich war die Jetstream 41 vorrangig eine um knapp fünf Meter verlängerte Version der J31, aber zur Erhöhung des Passagierkomforts trug der niedriger angesetzte Flügel bei, dessen Hauptspant nun nicht mehr durch die Kabine verlief. Die Spannweite vergrößerte sich ebenfalls, und Querruder sowie Landeklappen mußten einige Modifikationen über sich ergehen lassen. Um die Maschine, die mit ihren zehn zusätzlichen Passagiere mehr als drei Tonnen gegenüber der J31 zugelegt hatte, in die Luft zu bringen, wurde eine leistungsgesteigerte Version des TPE331-Triebwerks gewählt.

Trotz einiger ermutigender Anfangserfolge konnte der 29-Sitzer, dessen Auslieferungen im November 1992 begannen, die an seine Verkaufschancen geknüpften Erwartungen nicht erfüllen. Während des kurzen AI(R)-Intermezzos wurde 1997 beschlossen, die Produktion zum Jahresende auslaufen zu lassen.

Britten-Norman Islander
Europäischer Bestseller

Die Britten-Norman BN-2 Islander wurde ab 1963 von Desmond Norman und John Britten als Zubringerflugzeug und Ersatz für die de Havilland Dragon Rapide entwickelt. Die Konstrukteure stellten hohe Anforderungen an ihr neues Produkt. Von stabiler, robuster Bauweise, sollte es über Kurzstart- und -landeeigenschaften auf unbefestigten Pisten verfügen, ein festes Fahrwerk haben und leicht zu warten sein. Das Ergebnis war ein Schulterdecker, der bis zu neun Passagiere oder Fracht auf unterschiedlichsten Einsätzen transportieren konnte. Auffallendstes Merkmal der Islander waren die drei Seitentüren, eine rechts, zwei links, die den Zugang zu den von Wand zu Wand reichenden Sitzen erleichterten. Am 13. Juni 1965 startete der erste Prototyp, angetrieben von zwei Boxermotoren Rolls-Royce/Continental IO-360-B mit je 214 PS, zu seinem Erstflug. Noch während der Flugerprobung wurde der Antrieb durch Lycoming O-540-E mit je 264 PS ersetzt. Am 10. August 1967 erfolgte die britische Musterzulassung. Drei Tage später wurde die Maschine an den Erstkunden, die schottische Logan Air ausgeliefert, nach weiteren sechs Wochen an den ersten amerikanischen Kunden Jones Aircraft, obgleich die FAA-Zertifizierung erst im Dezember erfolgte. Seit 1969 wurde die Islander in Rumänien in Lizenz gefertigt. Im gleichen Jahr wurde die erste Modifizierung der Maschine vorgenommen, die als BN-2A eine Verkleidung des Fahrwerks sowie der Flügelvorderkanten erhielt und ein erhöhtes Abfluggewicht aufwies. Ab 1970 avancierte sie zum Standardmodell, als welches sie erst 1978 von der Version BN-2B Islander II mit einer höheren Landemasse, verbesserter Inneneinrichtung und kleinerem Propeller zur Geräuschreduzierung abgelöst wurde. 1979 wurde Britten-Norman von Pilatus übernommen, die ihre Anteile erst im Juli 1998 wieder verkaufte, und unter deren Ägide eine neue Version eingeführt wurden: die turbinengetriebene BN-2T. In jüngster Zeit wurden nur mehr die Varianten BN2B-20 und -26 sowie die BN2T vertrieben. Mit über 1200 verkauften Exemplaren und heute noch ca. 650 weltweit im Einsatz stehenden Exemplaren ist die Islander eines der erfolgreichsten westeuropäischen Produkte geworden.

Auffälligstes äußeres Merkmal der Britten-Norman Trislander ist das am Seitenleitwerk montierte dritte Triebwerk.

Britten-Norman Trislander
Kurze Geschichte

Trotz des Erfolges der Islander deckten Marktstudien den Bedarf an einer gestreckten Version mit einer um 50 Prozent größeren Passagierkapazität auf. Der Programmstart des neuen Musters BN2A Mk III Trislander – im Prinzip eine verlängerte Islander – wurde 1970 auf der Farnborough Airshow bekanntgegeben. Um die Passagierzahl auf 17 bis 18 zu erhöhen, wurde die Zelle vor den Tragflügeln um 2,29 Meter gestreckt, doch da der Rumpfdurchmesser unverändert blieb, hatte man auch die Sitzeinrichtung der Islander beibehalten und nur die Zahl der Türen auf fünf, drei rechts und zwei links, erhöht. Die gesteigerte Kapazität der Maschine erforderte einen stärkeren Antrieb, so daß sich Britten-Norman für ein drittes Triebwerk entschied, das aus Gründen der Aerodynamik in der Heckflosse untergebracht wurde. Dies wiederum erforderte größere Modifikationen des Hecks sowie eine Verstärkung der Rumpfstruktur. Zu guter letzt wurde auch das Hauptfahrwerk erneuert und mit größeren Reifen versehen. Der Erstflug des Prototypen fand am 11. September 1970 statt, im Mai des darauffolgendes Jahres erfolgte die Musterzulassung durch die britische Luftverkehrsbehörde CAA, und am 29. Juni 1971 konnte die Trislander an ihren Erstkunden Aurigny Air Services ausgeliefert werden. Verschiedene Versionen der Trislander folgten, zunächst als BN2A Mk III-1 mit einem auf 4536 Kilogramm erhöhtem Startgewicht, später die Mk III-2 mit verlängertem Bug oder die Mk III-3, deren Propeller bei Triebwerksausfall automatisch in Segelstellung ging. Im August 1982 wurden die Produktionsrechte an der Trislander an die International Aircraft Corporation verkauft. Gut zwei Jahre später wurde die letzte Maschine ausgeliefert und die Produktion der Trislander nach dem 55. Exemplar eingestellt.

CASA C 212 Aviocar
Maschine für Entwicklungsländer

Ursprünglich als Ersatz für alte Douglas C-47 und Junkers Ju 52 der spanischen Luftstreitkräfte gedacht, wurde die C 212 Aviocar als Flugzeug mit extremen Kurzstart- und -landeeigenschaften schon bald für zivile Nischenmärkte vor allem in unterentwickelten Regionen entdeckt. Der Turboprop, der von einer Zwei-Mann-Crew geflogen wird, verfügt über eine Kapazität von 26 Passagieren bei einer Zwei-und-eins-Bestuhlung. In der Frachtversion können zwei LD3-Container untergebracht werden.

Das Programm für die C212 war bereits 1964 entwickelt worden, erhielt jedoch erst am 21. August 1968 vom spanischen Luftverkehrsministerium Grünes Licht. Am 26. März 1971 fand der Erstflug des Prototypen statt, kurz danach wurde er auf dem Aerosalon in Paris vorgestellt. Bei der ersten Maschine, die drei Jahre später ausgeliefert wurde, handelte es sich jedoch um eine militärische Version, die an die spanische Luftwaffe ging. Der erste zivile Variante wurde unter der Bezeichnung C-212 C im Juli 1975 in Dienst gestellt. Schon zwei Jahre zuvor hatte die CASA mit der indonesischen IPTN einen Lizenzvertrag über Produktion, Vermarktung und Verkauf der Maschine abgeschlossen. 1978 wurde die Produktion des Basismodells zugunsten der Version C-212-200 eingestellt, die stärkere Triebwerke erhielt sowie ein erhöhtes Abfluggewicht aufweisen konnte. 1984 folgte die Version -300 mit neuen Triebwerken, Winglets und damit vergrößerter Reichweite. Darüber hinaus wurde die Kabine um 73 Zentimeter verlängert. Durch Lärmschutzmaßnahmen konnte außerdem der Geräuschpegel in der Kabine um zehn Dezibel gesenkt werden. Weitere Verbesserungen fanden sich in der C212-400, deren Erstflug am 4. April 1997 stattfand, deren Zertifizierung aber zum Redaktionsschluß noch ausstand. Bis 1999 wurden weit über 460 Aviocars in 39 Länder verkauft.

Indonesien, wo die Maschine auch in Lizenz gefertigt wurde, ist eines der Länder, das die CASA C-212 seit Jahren erfolgreich betreibt.

Das Herstellerkonsortium CASA/IPTN fand Kunden für die CN-235 fast ausschließlich in den beiden Heimatländern Spanien und Indonesien.

CASA/IPTN (Airtech) CN 235
Erfolgreich in der Heimat

Die CN 235 ist ein zweimotoriger, turbopropgetriebener Hochdecker mit Einziehfahrwerk, ausgelegt für zwei Piloten und 45 Passagiere mit einer zwei-und-zwei-Bestuhlung. Sie wurde in einem Joint Venture von der CASA und der indonesischen IPTN entwickelt und gebaut. Obgleich das Projekt bereits 1970 von den beiden Herstellern geplant wurde, dauerte es noch über ein Jahrzehnt, bis die ersten beiden Prototypen, einer in Spanien, einer in Indonesien, am 10. September 1983 ihren Rollout erlebten. Der europäische Prototyp startete am 9. November desselben Jahres zu seinem Erstflug, der asiatische am 30. Dezember. Während beide Länder je eine Endmontagelinie unterhielten, zeichnete die CASA für den Bau der vorderen und mittleren Rumpfsektionen, den mittleren Teil der Tragflügel und Klappen sowie die Triebwerksverkleidung verantwortlich. Bei IPTN wiederum wurden die Außenflügel, die Ruder, das Heck und das Leitwerk produziert. Die ursprüngliche Variante CN 235-10 wurde schon bald durch Derivate ersetzt; auf spanischer Seite durch die 235-100, auf indonesischer durch die 235-110. Beide Muster wurden mit einem neuen Antrieb versehen und erhielten Triebwerksverkleidungen aus Verbundwerkstoffen. Anfang der neunziger Jahre folgten die 235-200 bzw. -220, die im März 1992 zertifiziert wurde und ein erhöhtes Abfluggewicht aufwies. Seither arbeiteten die beiden Länder an eigenen Weiterentwicklungen des Flugzeugs. Die derzeit in Produktion befindliche CN 235-200 der CASA ist sowohl als reine Passagiermaschine als auch als Quick-Change-Version erhältlich. Keinem der Modelle war ein großer Erfolg außerhalb ihrer Heimatländer beschieden, wo sie jedoch dank ihrer Heckladerampe häufig als militärische Varianten geordert wurden.

Dornier 228
Schwerer Start

So richtig geplant war das Flugzeug eigentlich nicht, aber da man nun diesen wunderschönen Tragflügel Neuer Technologie (TNT) entwickelt hatte, mußten man ihn ja auch an irgendeiner Maschine einsetzen. So entstand Ende der siebziger Jahre die Dornier 228, basierend auf dem modifizierten und gestreckten Rumpf der Do 128 „Skyser-

Die Kurzstarteigenschaften und die robuste Bauweise machten die Dornier 228 zum idealen Flugzeug für unterentwickelte Regionen der Welt.

vant" und mit Einziehfahrwerk, Garrett-TPE331-Propellerturbinen und dem neuen Flügel versehen. Die erste Maschine der ursprünglichen 15-sitzigen Version Do 228-100 absolvierte ihren Erstflug am 28. März 1981, die etwas längere 228-200 für bis zu 19 Fluggäste folgte nur wenig später am 9. Mai desselben Jahres. Zwar war die 228 mit etwa 250 gefertigten Exemplaren das erfolgreichste rein deutsche Zivilflugzeug der Nachkriegszeit, doch waren vergleichbare Produkte wie die Beech 1900C/D oder Embraers EMB-120 Brasilia deutlich erfolgreicher, was sicherlich auch darauf zurückzuführen war, daß die 228 nicht über eine Druckkabine verfügte. Allerdings bewährte sie sich überall dort, wo Kurzstarteigenschaften und ein allgemein robustes Flugzeug gefordert waren, zum Beispiel in Indien, wo sie auch in Lizenz gefertigt wurde.

In ihrer Geschichte mußte die 228 einige Veränderungen über sich ergehen lassen, wobei unter anderem die Versionen -101 und -201 mit einem erhöhten Abfluggewicht und Verstärkungen an Struktur und Fahrwerk entstanden. Spätere Modelle erhielten zudem kleine Finnen an der Rumpfheck-Unterseite, die auch zur Standardausstattung der am häufigsten und später ausschließlich gebauten Variante 228-212 gehörten. Dieses Modell vermochte dank der stärkeren TPE331-5A- bzw. TPE331-10-Triebwerke 19 Passagiere über eine Strecke von 845 Kilometer zu transportieren. Nachdem die Nachfrage spürbar nachgelassen hatte, wurde die Produktion zum Jahresende 1998 eingestellt.

Dornier 328
Zu spät und zu teurer

Keine Frage: Sie war bestimmt eines der besten, wenn nicht das beste Regionalflugzeug ihrer Klasse. Und obgleich man über Schönheit gewiß streiten kann, war sie wahrscheinlich auch noch der am besten anzusehende 30-Sitzer. Nur leider war es ihr nicht vergönnt, auch das meistverkaufte Muster unter den Turboprops für Regionalstrecken zu sein. Die wichtigsten Gründe dafür sind schnell aufgezählt: Die Dornier 328 kam zu spät, sie war zu teuer und – anders als von den Fluglinien immer wieder gefordert – sie war nicht Teil einer Flugzeugfamilie, sondern als Einzellösung für kostenbewußte Regionalairlines uninteressant.

Bereits Mitte der achtziger Jahre hatte man sich bei Dornier Gedanken über ein 30-sitziges Regionalflugzeug mit Druckkabine gemacht, das schließlich in Gestalt der Dor-

Die Schweizer Air Engiadina ist einer der größten europäischen Betreiber des zweimotorigen Regionalflugzeugs Dornier 328.

nier 328 am 6. Dezember 1991 zu seinem Erstflug startete. Für das neue Flugzeug kombinierte Dornier, die seit 1985 zum Daimler-Benz-Konzern und dann ab 1989 zur Deutschen Aerospace (Dasa) gehörte, den bei der Dornier 228 bewährten Tragflügel mit einem völlig neuen kreisrunden Rumpf (Kabineninnendurchmesser 2,18 Meter) und Pratt&Whitney-Canada-Turboprops des Typs PW119. Das Erprobungsprogramm, das schließlich am 15. Oktober 1993 zur Zulassung führte, blieb nicht von Rückschlägen verschont, als beispielsweise bei einem Testflug alle sechs Blätter des linken Propellers verlorengingen.

Zwar wurde die 328 bei Dornier Luftfahrt in Oberpfaffenhofen endmontiert, doch stammten etwa 40 Prozent des Flugzeugs von ausländischen Zulieferern, so unter anderem der Rumpf von Daewoo, die Bugsektion von Aermacchi (Italien) und die Triebwerksgondeln sowie Türen von Westland aus Großbritannien. Nach der Übernahme durch Fairchild war allerdings vorgesehen, die Rumpffertigung komplett an ein Team aus Aermacchi und der portugiesischen OGMA zu vergeben. Im modernen Cockpit dominierten die fünf großen Bildschirme der Honeywell-Primus-Avionik, als Option war für Landungen nach Kategorie IIIA die Installation eines „Head-up Guidance"-Systems möglich.

Aus der ursprünglichen 328-100 wurde bald das Muster 328-110 mit höherem Abfluggewicht und größerer Reichweite, wobei ältere Maschinen problemlos auf den neuen Standard gebracht werden konnten. Zudem präsentierte Dornier die Versionen -120 mit besseren Kurzstarteigenschaften und -130 mit einer zusätzlichen 20-Grad-Klappenstellung für den Start. Alle Varianten wurden auch in einer „High Density"-Bestuhlung mit vier Sitzen pro Reihe angeboten.

Dank ihrer hohen Geschwindigkeit konnte sich die 328 beim Anflug problemlos zwischen den Jets einreihen und war nicht nur aus diesem Grund ein ideales Zubringerflugzeug. Doch die eingangs angeführten Umstände verhinderten einen größeren Erfolg der Dornier 328, für die Anfang 1999 immerhin etwa 100 Festbestellungen vorlagen.

Diskussionen über eine verlängerte Version mit etwa 50 Sitzplätzen hatte es immer wieder gegeben, und ein solches Flugzeug war auch von den Airlines immer wieder eingefordert worden, doch der Umstand, daß jede verkaufte Dornier 328 ein Verlustgeschäft für den Dasa-Konzern darstellte, machte alle Hoffnungen auf die Realisierung solcher Pläne zunichte.

Mit der F27, auch als „Friendship" bezeichnet, entwickelte Fokker in den fünfziger Jahren eines der erfolgreichsten europäischen Flugzeuge.

Fokker F27
Turboprop mit amerikanischem Zwilling

Anfang der fünfziger Jahre wurde in den Niederlanden mit der Fokker F27 Friendship einer der am häufigsten verkauften Turboprops aus europäischer Produktion entwickelt. Das Programm wurde im Jahr 1950 unter der Bezeichnung P275 gestartet und sah die Entwicklung eines 32-Sitzers vor, der von zwei Dart-Turboproptriebwerken aus dem Hause Rolls-Royce angetrieben wurde. Dank staatlicher Unterstützung konnte das Projekt, inzwischen umbenannt in F27, bis zum Erstflug der Maschine am 24. November 1955 vorangetrieben werden. Der erste Prototyp war noch auf 28 Fluggäste ausgelegt und mit einem Dart-507-Antrieb versehen. Schon der zweite Prototyp, eine F27 MK100, der im Januar 1957 zu seinem Jungfernflug startete, verfügte über eine längere Zelle, die bis zu 32 Passagieren Platz bot. Um den Turboprop auch in den USA abzusetzen, schloß Fokker ein Abkommen mit dem amerikanischen Hersteller Fairchild, der die Maschine unter der Bezeichnung F-27 bauen und vermarkten sollte. So war die erste Friendship, die im September 1958 ausgeliefert wurde, eine F-27 aus texanischer Produktion. Sie unterschied sich von den europäischen Versionen vor allem durch die Bestuhlung, die auf bis zu 40 Sitzplätze verdichtet wurde, eine verlängerte Nase, in der ein Wetterradar untergebracht werden konnte, sowie größere Treibstofftanks. Modifizierungen vor allem bei den Triebwerken brachten später die Versionen Mk200 bzw. F-27A mit dem stärkeren Dart Mk536-7R, die Mk300 bzw. F-27B sowie die überwiegend militärische Variante Mk400 Kombi hervor. Außerdem folgten die um 1,50 Meter gestreckte Serie Mk500 für 52 Passagiere und die Quick-Change-Version Mk600. Fairchild dagegen entwickelte unabhängig von Fokker die gestreckte FH-227, deren Rumpf um 1,83 verlängert wurde und in einer Standardbestuhlung ebenfalls 52 Fluggästen Platz bot. Insgesamt wurde 581 Friendships aller Versionen gebaut, von denen bis 1998 noch etwa 300 Exemplare im Einsatz standen.

Fokker F28 Fellowship
Viele Planungen

1960 startete Fokker mit der F28 die Entwicklung ihres ersten Jets, da Marktforschungen den Bedarf eines schnelleren Flugzeugs mit größerer Kapazität als die F27 Friendship ergeben hatten. Nachdem das Programm im April 1962 angekündigt worden war, konnte zwei Jahre später mit der Produktion dreier Prototypen begonnen werden, deren erster am 9. Mai 1967 zu seinem Jungfernflug startete. Zertifizierung und Erstauslieferung fielen auf den 24. Februar 1969. Die Basisversion der F28 war die Mk1000, die von Spey M 555-15-Turbofans von Rolls-Royce angetrieben wurde und je nach Bestuhlung zwischen 55 und 65 Sitzplätze aufwies. Mit der Mk2000 wurde wenig später eine um 2,21 Meter gestreckte Version für bis zu 79 Passagiere aufgelegt. Basierend auf dem Rumpf der Mk1000 und 2000, wurden die Mk 5000 bzw. 6000 entwickelt, die über eine größere Spannweite und damit Reichweite verfügen sollten. Sie stießen jedoch auf wenig Interesse, so daß von der 5000 kein einziges, von der 6000 nur zwei Exemplare gebaut wurden. Auch eine potentielle Mk6600, konzipiert für den japanischen Markt, um weitere 2,21 Meter verlängert und auf bis zu 100 Fluggäste ausgelegt, kam nicht über das Planungsstadium hinaus. Als letzte produzierte Versionen kamen die 3000 und die 4000, die ebenfalls auf den Rümpfen der beiden ersten Versionen 1000 und 2000 aufbaute, zum Einsatz. Durch den Einbau von zwei zusätzlichen Notausgängen über den Tragflächen konnte die Kapazität der 4000 auf 85 Sitzplätze erhöht werden. Beide Modelle wurden als konvertierbare Versionen auch mit Frachttoren versehen. Einschließlich einiger militärischer Varianten baute Fokker insgesamt 231 Exemplare der Fellowship.

Als früher Regionaljet war die Fokker F28 eindeutig ihrer Zeit voraus. Dennoch wurden mehr als 200 Exemplare des holländischen Jets gefertigt.

Fokker 50
Flügel mit „Foklets"

Als Nachfolgemuster für ihre F27 Friendship kündigte Fokker im November 1983 die Entwicklung der Fokker 50 an. Basierend auf demselben Rumpf wie ihr Vorgängermodell, unterschied sie sich äußerlich durch die vielen Kabinenfenster, kleine „Foklets" genannte Winglets und größere Triebwerksverkleidungen von der Friendship. Die wichtigsten Neuerungen lagen jedoch in den Turboprop-Triebwerken selbst, den Pratt&Whitney Canada PW125, sowie den großen Sechsblatt-Propellern, die einerseits den Treibstoffverbrauch senkten, Geschwindigkeit und Reichweite andererseits erhöhten. Vereinzelt setzte Fokker auch Verbundwerkstoffe ein und stattete ihr neues Muster mit einer dreifachen Hydraulikanlage, neuer Avionik und einem Glascockpit aus. Außerdem wurde die Passagiertüre nach vorne gelegt, während die vom Design her überarbeitete Kabine in einer zwei-und-zwei Bestuhlung Platz für fünfzig, maximal 58 Fluggäste bot. Nachdem zwei Prototypen gebaut worden waren, startete die Fokker 50 am 28. Dezember 1985 zu ihrem Erstflug, erhielt im Mai 1987 ihre Zulassung und wurde ein Vierteljahr später als Basismodell der Serie 100 an den Erstkunden Lufthansa CityLine ausgeliefert. Schon bald entstanden weitere Versionen wie die -120, die mit insgesamt drei Türen über eine Tür weniger als das Standardmuster verfügte, sowie die 1990 gelaunchte -300, deren stärkere PW127B-Triebwerke eine höhere Reisegeschwindigkeit, bessere Leistungen vor allem in großen Höhen und ein höheres Abfluggewicht ermöglichten. Auch ältere Modelle konnten durch Modifizierungen auf den Standard der -300 nachgerüstet werden. Mitte der neunziger Jahre noch entwickelte Fokker die gestreckte Variante Fokker 60 für bis zu 68 Passagiere, für die sich vor allem die holländische Luftwaffe interessierte, die aber durch den Konkurs des Unternehmens über den Erstflug Ende 1995 nicht hinauskam. Bis 1996 waren rund 220 Fokker 50 gefertigt und ausgeliefert worden.

Zwar konnten mehr als 200 Exemplare der Fokker 50 ausgeliefert werden, doch machten ihr die Konkurrenten ATR 42 und Dash 8-300 arg zu schaffen.

Die österreichische Tyrolean Airways gehört zu den Regionalfluggesellschaften, die sich für die Fokker 70 entschieden haben.

Fokker 70
Letzter holländischer Jet

Nachdem Marktstudien für die Jahre vor und nach der Jahrtausendwende einen erhöhten Bedarf an Regionaljets in der Größenordnung zwischen 70 und 125 Sitzen prognostiziert hatten, entschloß sich Fokker im November 1992 zum Programmstart für einen 70-Sitzer, ohne auch nur eine einzige Bestellung für einen derartigen Jet zu haben. Die 70 sollte die Nachfolge der fast dreißig Jahre alte F28 antreten. Da sie über denselben Rumpfdurchmesser verfügte wie die Fokker 100, die wiederum auf der 28-4000 basierte, wurde für das erste Exemplar der Prototyp der Fokker 100 um zwei Spanten, je einer vor und hinter den Tragflügeln, gekürzt. Der Bau des Prototypen hatte bereits im Oktober 1992, bevor das Programm überhaupt gestartet worden war, begonnen, so daß der Erstflug der Maschine am 4. April des folgenden Jahres erfolgte. Mitte Oktober 1994 erhielt der Jet seine Zulassung und wurde noch im gleichen Monat in der Executive-Version an den US-Automobilhersteller Ford ausgeliefert. Für US-Betreiber wurden die Versionen 70A und 70ER entwickelt, deren Zusatzsatztanks die Reichweite der Standardversion erhöhten. Da Fokker rund um ihr Modell 100 eine komplette Jetfamilie aufbauen wollte, wurde die 70 im Design so nahe wie möglich an der 100 gehalten. So verfügte sie über nahezu identische Flügel, den gleichen, wenn auch kürzeren Rumpf, dieselben Systeme sowie dasselbe mit EFIS-Bildschirmen ausgestattete Cockpit. Darüber hinaus wurden beide Muster vom gleichen Triebwerk, dem Tay 620 von Rolls-Royce angetrieben. Diese Gemeinsamkeiten erlaubten dem Hersteller eine einheitliche Montagelinie für die beiden Flugzeugmuster.

中國東方航空
CHINA EASTERN
34

B-2234
FOKKER
100

Fokker 100
Jetfamilie ohne Zukunft

Gleichzeitig mit der Entwicklung der Fokker 50 kündigte Fokker im November 1983 ihr Programm für einen 100-Sitzer an, das eine Weiterentwicklung des Kurzstreckenjets F28 mit erhöhter Reichweite werden sollte. Die wesentlichen Änderungen zum Vorläufermodell F28-4000 lagen in der um 5,7 Meter gestreckten Zelle, deren Kabine bis zu 122 Passagieren Platz bot, und eine um drei Meter größere Spannweite der aerodynamisch überarbeiteten Tragflügel, was die Wirtschaftlichkeit des Jets um dreißig Prozent erhöhen sollte. Außerdem wurden die Spey-Triebwerke der F28 durch den moderneren und leiseren Antrieb Tay Mk 620-15 oder optional Mk 650, ebenfalls von Rolls Royce, ersetzt, um den Lärmbeschränkungen der Kategorie III zu genügen. Die Neuerungen, die auch ein um elf Tonnen gesteigertes Abfluggewicht einschlossen, erforderten außerdem, die Flugzeugzelle in den tragenden Bereichen sowie die Druckkabine und die Hydraulik zu verstärken. Ein EFIS-Glascockpit und eine modernere Kabinengestaltung rundeten das Programm ab, so daß der Prototyp am 30. November 1986 erstmals in die Luft gehen konnte. Die Zertifizierung erfolgte ziemlich genau ein Jahr später, und Erstkunde Swissair, der mit der Fokker 100 alte DC-9 ersetzen wollte, konnte den Jet aus den Niederlanden im Februar 1988 in Dienst stellen.

Fokkers Konkurs bedeutete das Ende des Fokker-100-Programms, das nach anfänglichen Schwierigkeiten doch noch ein Erfolg wurde.

Die Fokker 100 erfuhr zahlreiche Modifizierungen, die ein größeres Abfluggewicht ermöglichten. Außerdem entstanden eine Quick-Change-Version, ein Frachter mit einer großen Ladeluke am Bug sowie eine VIP-Variante. Die Fokker 100 sollte die Basis für eine komplette Flugzeugfamilie liefern, doch es wurde nur mehr die kürzere Fokker 70 entwickelt, während eine größere Version mit bis zu 130 Sitzen nicht mehr realisiert werden konnte. Die Produktion wurde Anfang 1997 eingestellt, nachdem Fokker im März 1996 in Konkurs gegangen war. Der Hersteller hatte dennoch fast 300 Bestellungen, davon überraschend viele aus den USA, für seinen größten Jet verzeichnen können.

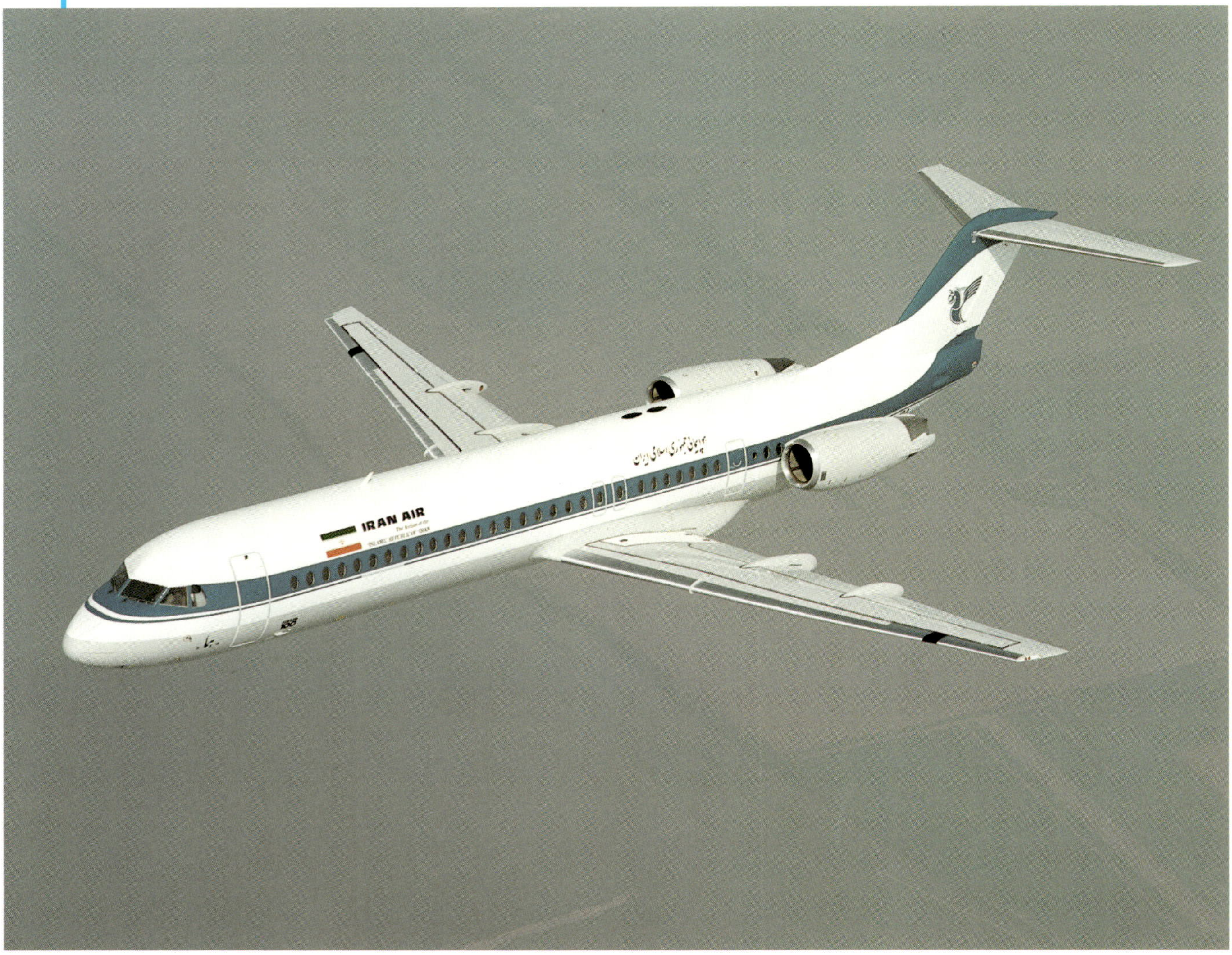

Kendell Airlines, Regionaltochter von Ansett Australia, ist mit mehr als einem Dutzend Maschinen ein wichtiger Betreiber der Saab 340.

Saab 340
Einstieg im US-Markt

Gemeinsam mit dem US-amerikanischen Hersteller Fairchild Industries launchte Saab 1980 den 30- bis 40-sitzigen Turboprop SF 340. Saab wollte mit dieser Entwicklung einerseits den Sprung auf den zivilen Sektor im Flugzeugbau wagen, andererseits den amerikanischen Markt mit seinem großen Bedarf an Regionalflugzeugen mit Druckkabine penetrieren. Das Ergebnis war ein konventioneller Tiefdecker mit einer Sitzplatzkapazität von maximal 37 Plätzen, angetrieben von zwei General-Electric-Triebwerken vom Typ CT7; Fairchild zeichnete dabei für den Bau der Tragflächen, des Hecks sowie der Triebwerksverkleidungen verantwortlich, während Saab den Bau des Rumpfes und des Leitwerks sowie die Endmontage übernahm. Der Erstflug des Prototypen fand am 25. Januar 1983 statt, im März 1984 der der ersten serienmäßig gebauten Maschine, die am 14. Juni desselben Jahres ihren Dienst beim Erstkunden Crossair aufnahm. Im November 1985 übernahm Saab das gesamte 340-Programm, aus dem sich Fairchild aus finanziellen Gründen zurückgezogen hatte, und nannte das Flugzeug Saab 340A. Die erste Weiterentwicklung der schwedischen Regionalmaschine führte zur Saab 340B, die stärkere Triebwerke und dadurch bessere „Hot & High"-Leistungswerte erhielt, mit einem größerem Höhenruder, einem höheren Abfluggewicht und zu guter letzt mit größerer Reichweite ausgestattet wurde. Die 340B wurde im September 1989 erstmals ausgeliefert und alsbald durch die modifizierte Saab 340BPlus überholt, die mit Wingtips und einem sogenannte Activ Noise System ausgerüstet ist, das den Propellerlärm in der Kabine dämpft. Bis 1997 wurden bereits über 400 Saab 340 der verschiedenen Versionen gebaut.

Saab 2000
Kurzes Leben

Noch in den achtziger Jahre deutete sich an, daß Saab außer der 340 ein zweites, größeres Modell auf den Markt bringen mußte. 1988 fiel der Startschuß für die Saab 2000 mit einer Kapazität für 50 Passagiere. Basierend auf dem Rumpf der Saab 340, war die 2000 um 7,30 Meter länger und wies auch sonst einige Neuerungen auf. Die Tragflächen waren neu entwickelt worden und mit einer Spannweite von 24,76 Meter um 15 Prozent größer als die der 340, wobei auch die Triebwerksaufhängung nach außen verlagert wurde. Die zwei Allison-Triebwerke des Typs AE 2100A mit je 4152 PS sowie die Sechsblatt-Propeller verliehen der 2000 eine Reisegeschwindigkeit von 665 km/h. Auch das Cockpit wurde mit Flüssigkristalldisplays zeitgemäß gestaltet, und auf Wunsch war die 2000 ab Werk mit einem sogenannten Head-Up-Guidance-System ausgerüstet. Durch ein Active-Noise-Reduction-System sollten der Lärmpegel in der Kabine so gering wie möglich, bei etwa 76 Dezibel, gehalten werden. Auch andere europäische Hersteller beteiligten sich am Saab-2000-Programm, darunter die spanische CASA, die die Flügel baute, während Westland für die hintere Rumpfhälfte und Valmet in Finnland für das Heck verantwortlich zeichneten. Nach ihrem Erstflug am 26. März 1992 erhielt die Saab 2000 ihre europäische und US-amerikanische Musterzulassung im März bzw. April 1994. Ausgeliefert wurde sie an ihren Erstkunden Crossair ein Jahr hinter dem Zeitplan in der zweiten Jahreshälfte 1994. Trotz großer Hoffnungen hatte die 2000 nur wenig Erfolg, was zum Teil auf ihre hohen Kosten zurückgeführt werden mußte, zum Teil auf ernste Problem mit dem Active-Noise-Reduction-System, das den Kundenanforderungen erst nach massiven Nachbesserungen genügte. Mangels Nachfrage beschloß Saab im Jahre 1997 die Einstellung ihrer zivilen Flugzeugprogramme und damit auch der 2000.

Als die Saab 2000 1994 auf den Markt kam, wurde der bereits zunehmend von Regionaljets beherrscht, so daß die Maschine kein Erfolg wurde.

Crossair, Erstkunde der Saab 2000, hatte eine ihrer Maschinen mit einer auffälligen „Phantom der Oper"-Bemalung versehen.

Mesaba Airlines aus den USA betreibt eine große Zahl Saab 340 verschiedener Versionen für Regionaldienste von Northwest Airlines.

Shorts 330
Kasten mit Flügeln

Nein, ein schönes Flugzeug war es wahrlich nicht, das sich da am 22. August 1974 zum ersten Mal vom Boden erhob. Aber eine Augenweide war auch schon das Vorläufermodell Skyvan nicht gewesen, jener von zwei Propellerturbinen durch die Luft beförderte Kasten mit dem, im Vergleich zum nur knapp 20 Meter langen Flugzeug, riesigen doppelten Seitenleitwerk.

Die Shorts 330 oder SD3-30, wie sie anfangs bezeichnet wurde, war eine um 3,78 Meter gestreckte Version der besagten Skyvan, in deren nicht druckbelüfteter Kabine maximal 30 Fluggäste untergebracht werden konnten. Angesichts der kurzen Strecken, auf denen die 330 eingesetzt wurde, und angesichts der geringen Höhen, in denen solche Flüge absolviert wurden, war eine Druckkabine auch nicht unbedingt erforderlich. Zwei Pratt&Whitney-Canada-Triebwerke PT6A-45 sorgten im Verbund mit Fünfblatt-Propellern und einer verbesserten Aerodynamik dafür, daß sich der Hochdecker mit gut 300 Stundenkilometern durch die Luft bewegen konnte – langsamer als die meisten Konkurrenten, aber vor allem dank eines neuen Einziehfahrwerks immerhin ein wenig schneller als die Skyvan.

Die 330 wurde erstmals im August 1976 im Liniendienst eingesetzt und dank ihrer Zuverlässigkeit, ihrer Kurzstarteigenschaften und ihrer relativ geringen Betriebskosten für den nordirischen Hersteller ein kleiner Erfolg, wenngleich ein beträchtlicher Prozentsatz der gefertigten Maschinen auf die militärischen Varianten entfiel.

Zwei zivile Versionen der Shorts 330 wurden zwischen 1974 und 1992 produziert, wobei die ersten Exemplare als Shorts 330-100 von PT6A-45A oder -45B angetrieben wurden, während spätere Shorts 330-200 das etwas stärkere PT6A-45R sowie einige kleinere Modifikationen erhielten.

In Deutschland war die Shorts 330 in den Farben der DLT, aus der später die Lufthansa CityLine hervorgehen sollte, unterwegs.

Shorts 360
Der elegantere Nachfolger

1980 kündigte Shorts eine verlängerte Version des Modells 330 mit der Bezeichnung 360 an. Wenngleich das neue Muster seinen Vorläufer um 91 Zentimeter überragte, war der augenfälligste Unterschied zwischen den beiden Flugzeuge eindeutig das modifizierte Heck mit einem einteiligen Seitenleitwerk. Die längere Kabine – auch die Spannweite wurde im übrigen geringfügig vergrößert – erlaubte die Unterbringung von zwei zusätzlichen Sitzreihen, so daß insgesamt 36 Passagiere und drei Besatzungsmitglieder befördert werden konnten. Nach dem Erstflug des Prototypen am 1. Juni 1981 übernahm die amerikanische Suburban Airlines gut ein Jahr später die erste Serienmaschine. Auf diese erste Version der Shorts 360 folgte 1985 die 360 Advanced (oder -200), die über stärkere PT6A-65AR-Triebwerke mit jeweils 1424 PS verfügte. Die letzte Variante mit der Bezeichnung Shorts 360-300 erhielt neben einigen aerodynamischen Modifikationen und Sechsblatt-Propellern noch einmal stärkere Triebwerke, was sich in einer höheren Reisegeschwindigkeit und besseren Leistungen unter „Hot & High"-Bedingungen niederschlug. Die Shorts 360 verkaufte sich zunächst recht gut, doch als mit der Dash 8, der Saab 340 oder später der ATR 42 modernere, schnellere Konkurrenzmuster mit Druckkabine auftauchten, ließ die Nachfrage spürbar nach, und die Produktion wurde 1991 eingestellt.

Nicht zuletzt aufgrund der fehlenden Druckkabine hatte die Shorts 360 gegen die komfortableren Muster Saab 340 oder Dash 8 keine Chance.

Nordamerika

Stratoliner
WA

Der Kontinent, aus dem mit der Boeing 747 das bislang größte im Linienverkehr eingesetzte Passagierflugzeug stammt, begann seine kommerzielle Luftfahrtgeschichte mit kleinen einmotorigen Maschinen für die Luftpost. Wie in Europa, so kamen auch in den Vereinigten Staaten die Flugzeuge größtenteils aus Armeebeständen, und ebenso wie auf dem alten Kontinent wählte man auch in der neuen Welt diejenigen Modelle unter den Militärflugzeugen aus, die am wenigsten ungeeignet für den zivilen Einsatz schienen. Darunter war zum Beispiel die britische de Havilland D.H.4, von der in den ersten Nachkriegsjahren etwa 100 Exemplare für den Transport von Briefen und Paketen eingesetzt wurden.

Die Douglas M-2 war die zivile Variante der vom amerikanischen Heer verwendeten O-2.

Nachdem sie ausgedient hatten, kamen ab 1925 Flugzeuge der M-Serie (M-1 bis M-4) von Douglas zum Einsatz, wobei der Frachtraum der M-2 auch für den Transport eines Passagiers genutzt werden konnte. Doch auch diese Maschinen waren nicht primär für den kommerziellen Luftverkehr entwickelt worden, sondern stellten im Prinzip eine zivile Version der beim amerikanischen Heer verwendeten O-2 dar.
Ryan Air Lines, deren Besitzer T. Claude Ryan wenig später als Konstrukteur von Charles Lindberghs „Spirit of St. Louis" Berühmtheit erlangen sollte, nutzte umgebaute Trainingsflugzeuge aus dem Ersten Weltkrieg für den Transport von bis zu vier Passagieren. Die Gesellschaft setzte darüber hinaus die einzige jemals gebaute Douglas Cloudster ein, die ursprünglich den ersten Transkontinentalflug absovieren sollte und nach einem Umbau insgesamt 12 Personen befördern konnte.
Als für das Jahr 1927 die Privatisierung der transkontinentalen Luftpostrouten angekündigt wurde, bot Boeing das einmotorige Modell 40A an, das als leistungsstärkere Variante des zwei Jahre zuvor entwickelten Modells 40 neben zwei Postabteilen über ein zusätzliches Abteil für zwei Fluggäste erfügte. Praktischerweise wurden die Maschinen

Die Boeing 40A verfügte neben zwei Postabteilen über Platz für zwei Fluggäste.

auf der Strecke San Francisco – Chicago von der Boeing Air Transport betrieben , aus der später United Airlines hervorgehen sollte. Weiterentwicklungen wie das Model 40C oder das dreimotorige Model 80 von 1928 konnten sogar schon vier bzw. gar bis zu 18 Passagiere befördern.

Schnelle Postflieger

Anfang der dreißiger Jahre entstand eine Reihe von schnellen einmotorigen Postflugzeugen, die auch Passagiere transportieren konnten. Darunter Boeings Monomail oder die Lockheed Vega, in deren geschlossener Kabine zunächst vier, bei späteren Versionen auch sechs Fluggäste Platz fanden und die unter anderem durch Wiley Posts Weltumrundung und Amelia Earharts Atlantiküberquerung zu Ruhm kam, sowie die Lockheed 9 Orion, die ab 1931 im Liniendienst eingesetzt wurde und unter anderem bei der Swissair flog. Dennoch boten sie alle noch nicht die Kombination von Geschwindigkeit, Reichweite und Kapazität, die einen wirklich wirtschaftlichen Einsatz des Transportmittels Flugzeug ermöglicht hätten.
Die zwischen 1926 und 1933 gebaute Ford Tri-Motor, die je nach Version zwischen acht und zwölf Passagiere aufneh-

Lockheeds Orion flog seit Beginn der dreißiger Jahre auch für die Schweizer Swissair.

Die überaus erfolgreiche Douglas DC-3 entstand aufgrund einer Anforderung von American Airlines.

Bis zu 14 Fluggäste beförderte die Douglas DC-2, die unter anderem von KLM eingesetzt wurde.

SWISSAIR
CH
-167-

CHICAGO
FLAGSHIP
DISTRICT OF COLUMBIA
U.S. MAIL

K·L·M
44

men konnte, waren ebenso wie die dreimotorigen Fokker-Modelle oder die Curtiss Condor zu diesem Zeitpunkt bereits veraltet, und trotz des Ruhms, den sie vor allem ihrer Zuverlässigkeit und Langlebigkeit verdankt, brachte es die Tri-Motor oder „Tin Goose" (Blechgans), wie sie auch genannt wurde, nur auf etwa 200 gebaute Exemplare.

„Moderne Zeiten" brachen im nordamerikanischen Luftverkehr an, als mit dem Modell 247 von Boeing sowie zunächst der DC-1/DC-2 und bald darauf der DC-3 von Douglas Flugzeuge auf den Markt kamen, die nicht nur aerodynamisch fortschrittlicher waren als ihre Vorgänger, sondern auch dank des einziehbaren Fahrwerks deutlich höhere Fluggeschwindigkeiten aufwiesen und zudem bislang nicht gekannten Komfort boten.

Das Boeing-Modell 247 kann als Prototyp dieser modernen Verkehrsflugzeuge gelten. Allerdings war seine Karriere von vergleichsweise kurzer Dauer, denn die Maschine, die erstmals 1933 auf den Markt kam, war mit zehn Sitzplätzen für den nun rasch wachsenden Personenluftverkehr ebenso zu klein wie die 1934 erstmals in Dienst gestellte Lockheed 10 Electra, die vor allem durch den letzten Flug Amelia Earharts bekannt wurde.

Douglas hatte 1933 eine einzige DC-1 gebaut und daraus die DC-2 für bis zu 14 Fluggäste entwickelt. Aus einer American-Airlines-Anforderung nach einem Flugzeug mit Schlafkabinen für ihre transkontinentalen Routen entstand die verlängerte DST (Douglas Sleeper Transport) mit verbreitertem Rumpfdurchmesser, die in der „Tagesversion" als DC-3 für maximal 21 Fluggäste von nahezu allen großen Fluglinien dieser Zeit bestellt und vor allem in ihrem Heimatland zum Standardmodell avancierte.

Dieser für Douglas durchaus erfreuliche Umstand erwies sich als Ärgernis für den Konkurrenten Lockheed, da für das durchaus vergleichbare und vielleicht sogar wirtschaftlichere Modell 18 Lodestar, das 1939 seinen Erstflug absolvierte, zumindest im eigenen Land kein Absatzmarkt mehr vorhanden war. Zwar konnten einige der 26 Passagiere fassenden Maschinen ins Ausland verkauft werden, aber spätestens mit dem Kriegseintritt der Vereinigten Staaten 1941 war die zivile Karriere der Lodestar vorbei.

Flugboote

Auch in den Vereinigten Staaten erlebten Flugboote bzw. Amphibienflugzeuge in der Dekade vor dem Zweiten Welt-

Pan American vertraute in den dreißiger Jahren auf Flugboote wie die Sikorsky S-43.

Gerade einmal zehn Exemplare der Boeing 307 wurden vor dem Zweiten Weltkrieg gebaut.

krieg eine kurze Blütezeit, und vor allem die Entwürfe des nach der Oktoberrevolution in die USA emigrierten Russen Igor Sikorsky absolvierten für Fluglinien wie Juan Trippes Pan Am eine Reihe von Pionierflügen.
1928 stellte die Gesellschaft die erste achtsitzige S-38 in Dienst, die von zwei Pratt&Whitney-Motoren mit jeweils gut 400 PS angetrieben wurde. Die ab Dezember 1929 eingesetzten viermotorigen S-40 konnten bereits vierzig Passagiere befördern, für deren Wohlergehen sechs Besatzungsmitglieder verantwortlich waren. Bei der wenig später aufgrund einer Pan-American-Anforderung, die unter anderem eine Reichweite von bis zu 4000 Kilometern vorsah, entwickelten S-42 waren die vier Triebwerke dann nicht zwischen Rumpf und Tragflächen, sondern in den Flügel-Vorderkanten installiert. Insgesamt zehn Exemplare wurden gebaut und ab 1934 eingesetzt.
Noch moderner waren die aufgrund derselben Ausschreibung entwickelten Martin-130-Flugboote, die ab 1935 von Pan American auf ihren Asienstrecken eingesetzt wurden. Mit ihnen konnte bereits – allerdings bei minimaler Nutzlast – die beachtliche Distanz von über 6000 Kilometern überbrückt werden.
Das Nonplusultra der kurzen Flugboot-Blütezeit dürfte allerdings die Boeing 314 gewesen sein, von der Pan Am sechs Exemplare für ihre Atlantik- und Pazifikrouten sowie später weitere sechs der 100 PS stärkeren Version 314A bestellte. Doch mit ihren luxuriösen Schlafkabinen, den Rauchsalons und Speiseräumen, die auf Langstreckenflügen den Transport von etwa 30, bei kürzeren Einsätzen auch von über 70 Passagiere gestatteten, wirkten sie wie Repräsentanten einer längst vergangenen Epoche, und ihre Zeit ging daher mit Kriegsausbruch sehr schnell zu Ende.
Noch einem weiteren Anlauf der Boeing Company, auf dem Zivilsektor erfolgreich Fuß zu fassen, blieb der große Erfolg versagt. Der „Stratoliner“, wie das Modell 307 sicherlich zu unrecht bezeichnet wurde, denn bis in die Stratosphäre dürfte keine der zehn gebauten Maschinen jemals aufgestiegen sein, verfügte über einen kreisrunden Rumpf und eine Druckkabine, wodurch das Fliegen in größeren – und für die bis zu 33 Passagiere und fünf Besatzungsmitglieder angenehmeren – Höhen möglich wurde. Die parallel zum Boeing-Bomber B-17 entwickelte Maschine teilte mit ihrer militärischen Schwester Tragwerk und Antrieb. Nach dem Erstflug am letzten Tag des Jahres 1938 wurden acht Exemplare für kurze Zeit bei Pan Am und TWA im Liniendienst eingesetzt; eine weitere Maschine ging an den exzentrischen Milliardär Howard Hughes, der selbst mit seinem riesigen, von acht Motoren angetriebenen Flugboot „Spruce Goose“ nach dem Krieg kurzfristig für Furore sorgte. Wenngleich die Maschine bei ihrem ersten und einzigen Flug 1947 gerade einmal eine Minute in der Luft verweilte…

Kriegsdienst

Zwar fand der Erstflug des DC-4-Prototypen am 7. Juni 1938 und damit noch vor dem zweiten Weltkrieg statt, doch das ursprüngliche Modell DC-4E – noch mit dreiteiligem Leitwerk – erwies sich aufgrund von Problemen mit der hydraulisch verstärkten Steuerung und mit den Triebwerken als zu unzuverlässig. Nachdem jedoch die verbesserte und etwas kleinere DC-4A zum Einsatz bereit war, erfolgte der Kriegseintritt der USA, und die DC-4 absolvierte bereits ihren Erstflug als Militärversion mit der Bezeichnung C-54. Nach Kriegsende war die C-54/DC-4 aufgrund einer großen Zahl verfügbarer Maschinen bei nahezu allen großen Fluggesellschaften – auch in Europa – bis weit in die fünfziger Jahre hinein im Einsatz und stellte zusammen mit den DC-3/C-47 „Dakota" das Rückgrat vieler Fluggesellschaften.

Obwohl bereits 1940 von TWA sowie Pan Am bestellt und Anfang 1943 zum ersten Mal geflogen, kam die elegante Lockheed L-049 Constellation erst zum Jahresende 1945 zum Einsatz. Die mit einer Druckkabine ausgestattete Maschine bot in dieser ersten Version Platz für normalerweise 43-48 beziehungsweise maximal 60 Passagiere und war mit Kolbenmotoren des Typs Wright R-3350 Cyclone ausgerüstet.

Bereits 1947 brachte das Unternehmen die Weiterentwicklung L-649 auf den Markt, die aber recht bald durch die leistungsfähigere – dank zusätzlicher Tanks in den äußeren Flügelsektionen – L-749 mit deutlich höherer Reichweite (plus 1600 Kilometer) abgelöst wurde.

Drei Jahre später wurde das Muster gründlich überarbeitet und konnte unter der neuen Bezeichnung L-1049 und dem Beinamen Super Constellation in einem um mehr als fünfeinhalb Meter gestreckten Rumpf maximal 95 Passagiere befördern. Ab der Version L-1049G erhielt die Super Constellation Zusatztanks an den Tragflächenenden, was die elegante Maschine vielleicht nicht unbedingt schöner machte, ihr aber zu einer um mehr als 1000 auf schließlich über 7700 Kilometer vergrößerten Reichweite verhalf. Eine letzte Version L-1649A Starliner brachte ab 1956 noch einmal eine Rumpfverlängerung und sollte mit der Douglas DC-7C auf den Langstrecken konkurrieren. Zu diesem Zeitpunkt war jedoch schon abzusehen, daß Flugzeuge mit Kolbenmotoren auf diesen Routen recht bald von den ersten Jets abgelöst werden sollten.

Bereits 1954 hatte Lockheed den Namen Electra wieder auf- und die Entwicklung eines 80-sitzigen Passagierflugzeugs mit Propellerturbinen-Antrieb in Angriff genommen. Die L-188 flog kurz vor Jahresende 1957 zum ersten Mal, und 170 Exemplare wurden gebaut, von denen auch heute noch einige als Frachter ihren Dienst versehen.

Als Überbleibsel aus dieser Zeit stehen auch diverse Convair-Muster noch immer im Einsatz, wenngleich nicht in der ursprünglichen Version und Aufgabe. Die zweimotorige CV-240 war Mitte der vierziger Jahre als Nachfolgerin der DC-3 entwickelt worden und faßte 40 Passagiere, während die CV-340 einen längeren Rumpf mit 44 Sitzplätzen, größere Tragflächen und leistungsgesteigerte Pratt&Whitney-Triebwerke aufwies. Die CV-440 schließlich erhielt einige aerodynamische Verbesserungen, wobei die erste Serienmaschine nichts weiter als eine umgerüstete CV-340 war. Die heute noch flie-

Der Delta-Vorläufer Chicago and Southern betrieb eine Zeit lang Lockheed L-649A Constellation.

Die wiedererstandene Lufthansa setzte mehrere Exemplare der L-1049G Super Constellation ein.

genden Maschinen sind als Convair 540, 580 und 640 aus Umrüstungen der Convair 340/440 bzw. als Convair 600 aus Umrüstung der CV-240 mit Propellerturbinen entstanden, ein Programm, das in den fünfziger und sechziger Jahren von verschiedenen Unternehmen einschließlich Convair selbst durchgeführt wurde.

Die Firma Martin, die vor dem Krieg mit ihren M-130-Flugbooten Furore gemacht hatte und im zweiten Weltkrieg für den erfolgreichen mittelschweren Bomber B-26 Marauder verantwortlich war, versuchte sich ebenfalls im Nachkriegs-Zivilgeschäft. Anders als die Konkurrenten jedoch, die sich vorrangig auf die Entwicklung von Langstreckenflugzeugen konzentrierten, entwarf man mit der 2-0-2 eine Regionalmaschine für maximal 40 Passagiere. Doch dem Programm war kein Glück beschieden – es gab Probleme mit den Tragflächen, so daß die Produktion schon 1948, etwa zwei Jahre nach dem Erstflug, wieder eingestellt wurde. Die daraufhin entwickelte 4-0-4 mit strukturellen Verbesserungen und einer Druckkabine war etwas erfolgreicher und wurde in insgesamt 103 Exemplaren gebaut. Dennoch gaben die Martin-Regios nur ein kurzes Intermezzo im Zivilgeschäft.

Die Convair-Modelle 240, 340 und 440 waren als Nachfolgemuster der DC-3 entwickelt worden.

Auch Boeing hatte nach der glücklosen 307 einen weiteren Versuch gestartet, sich im Zivilgeschäft zu etablieren und bot nach dem Zweiten Weltkrieg das Modell 377 Stratocruiser an, das aus der militärischen C-97/KC-97 abgeleitet war und am 8. Juli 1947 zu seinem Erstflug startete. Die Maschinen, deren Rumpfquerschnitt einer Acht ähnelte, war mit vier jeweils 3500 PS starken Pratt&Whitney-Wasp-Motoren ausgerüstet und bot je nach Auslegung 55 bis 100 Passagieren Platz, von denen 14 im kleineren Unterdeck untergebracht werden konnten. Meistens jedoch wurde dieser Raum – eine Erinnerung an den Luxus aus Boeing-314-Vorkriegsjahren und im Vorgriff auf den später folgenden Jumbo 747 – als Bar genutzt. Boeing konnte immerhin 56 Exemplare bauen und damit in die Riege der Hersteller von Verkehrsmaschinen zurückkehren, doch die Stunde des Unternehmens sollte erst mit den Jets kommen.

Dank einer Bar im Unterdeck bot die Boeing 377 ihren Passagieren beispiellosen Komfort.

Douglas DC-6 von Royal Air Maroc.

Das „Douglas-Zeitalter"

Schon in den letzten Kriegsjahren hatte Douglas an einem größeren, auf der DC-4 basierenden Flugzeug mit Druckkabine gearbeitet. 1946 stellte das Unternehmen die DC-6 vor, die als Konkurrenzmuster zur Lockheed Constellation über einen um gut zwei Meter verlängerten Rumpf – mit

rechteckigen Fenstern – und Pratt&Whitney-R-2800-Motoren verfügte, die fast doppelt soviel Leistung lieferten wie die der DC-4. Bei enger Bestuhlung konnten an Stelle der normalerweise 48-52 Fluggäste auch 86 Passagiere untergebracht werden.

Die Entwicklung noch stärkerer Antriebe machte eine weitere Verlängerung auf 32,18 Meter möglich, und in der nun als DC-6A (reine Frachtmaschine) bzw. DC-6B bezeichneten Maschine mit einer Reichweite von etwa 7600 Kilometern fanden bis zu 102 Fluggäste Platz.

Als Konkurrenz zur L-1049 Super Constellation und ebenfalls mit Turbo-Verbundmotoren von Wright entstand 1953 die DC-7, die sich äußerlich mit Ausnahme des um 1,02 Meter gestreckten Rumpfes kaum von ihrer Vorgängerin unterschied. Verlängerte Motorgondeln ermöglichten bei der DC-7B die Unterbringung von zusätzlichem Treibstoff, so daß – bei günstigem Wind auch mit voller Passagierzahl – Nonstop-Flüge über den Atlantik machbar wurden.

Die Krönung dieser Baureihe und das letzte Douglas-Kolbenmuster war die DC-7C, aufgrund ihrer Typenbezeichnung auch „Seven Seas“ genannt, ein Hinweis auf ihre große Reichweite und ihre zahlreichen Verwendungsmöglichkeiten. Das Einfügen von Tragflächenstücken konstanter Tiefe direkt an den Flügelwurzeln erlaubte das Mitführen einer größeren Treibstoffmenge, und nachdem

Die DC-6 verfügte im Gegensatz zu ihrem Vorläufer DC-4 über eine Druckkabine.

Curtiss-Wright stärkere Triebwerke anbieten konnte, wurde der Rumpf entgegen der ursprünglichen Planung noch einmal um 1,02 Meter gestreckt. Auch eine Propellerturbinen-getriebene Version DC-7D wurde noch erwogen, dann aber zugunsten des ersten Douglas-Jets DC-8 fallengelassen.

Sprung ins Jetzeitalter

Der Sprung von Verkehrsflugzeugen mit Kolbenmotoren oder Propellerturbinen hin zu solchen mit Turbojet- oder Turbofan-Triebwerken sollte für eine ganze Reihe von Herstellern kurz- oder mittelfristig das Aus bedeuten, während er vor allem einem Unternehmen erst zu seiner heutigen Größe und Bedeutung verhalf: Boeing wurde von einem eher unbedeutenden Faktor auf dem Zivilmarkt zum vorherrschenden Produzenten von Verkehrsflugzeugen, der schließlich sogar den letzten im eigenen Land verbliebenen Konkurrenten übernahm. Douglas (ab 1967 nach der Fusion mit dem Militärhersteller McDon-

nell dann McDonnell Douglas) konnte zumindest noch einige Zeit mithalten und mit den Modellen DC-8 und DC-9 bzw. der MD-80-Serie auch Verkaufserfolge erzielen, aber andere Hersteller wie Lockheed oder Convair erlitten bei dem Versuch, im Jetgeschäft Fuß zu fassen, Schiffbruch.

Während Lockheeds TriStar auch heute noch in größerer Anzahl im Einsatz ist und daher im folgenden Abschnitt im Detail vorgestellt wird, sind die beiden Convair-Jets 880 und 990 nach einem kurzen Gastspiel am Luftfahrt-Himmel nur noch Historie.

In Konkurrenz zur Boeing 707 und Douglas DC-8 entwickelt und letzterer auch äußerlich nicht unähnlich, litten die 1959 erstmals geflogene CV-880 und die CV-880M

Die Boeing 727 war viele Jahre das meistverkaufte düsengetriebene Verkehrsflugzeug.

Convair 880 und 990 (Foto), in Konkurrenz zu DC-8 und 707 entwickelt, wurden kein Erfolg.

(für Interkontinentalstrecken) vor allem unter ihrer zu geringen Passagierkapazität, die auch durch ihre beachtliche Reichweite von über 5000 Kilometern nicht kompensiert werden konnte. Nachdem auch die größere CV-990, bei der Swissair als „Coronado“ bezeichnet, weit hinter den Erwartungen von Hersteller und Fluglinien zurückblieb, zog sich Convair bzw. die Muttergesellschaft General Dynamics ganz aus dem Zivilgeschäft zurück.

BOEING 727

SWISSAIR
CORONADO
N8497H
HB-ICA

N916AW

America West
ARIZONA

Boeing 707
Das Jetzeitalter beginnt

Die Boeing 707 hat nicht nur zusammen mit der Douglas DC-8 bei den meisten Fluggesellschaften das Jetzeitalter eingeläutet, sondern Boeing erst zu seiner Rolle als führender Hersteller von Verkehrsflugzeugen verholfen. Wenngleich die finanziellen Anstrengungen, die Entwicklung und Bau dieses Musters mit sich brachten, den amerikanischen Hersteller an den Rand des Ruins trieben.
1952 beschloß Boeing den Bau eines als Model 367-80 bezeichneten Prototypen, der von vier Düsentriebwerken angetrieben werden sollte. Obgleich der spätere Name 707 bereits feststand, sollten mit dieser Benennung wohl Boeings wahre Absichten verschleiert werden, denn das Model 367 war eigentlich der Frachter/Tanker C-97 bzw. KC-97, aus dem Boeing später das recht glücklose Passagierflugzeug 377 Stratocruiser entwickelt hatte.
An deren Rumpfquerschnitt, der wie eine Acht mit einer nicht ganz so engen Taille aussieht, erinnerte auch die Kontur der Dash 80, wie die 367-80 intern genannt wurde; die Tragflächen des neuen Musters erhielten allerdings die gleiche starke Pfeilung von 35 Grad, die auch Boeings Bomber B-47 aufwies. Ursprünglich war erwogen worden, die vier Triebwerke vom Typ Pratt&Whitney JT3P wie bei der B-47 in zwei Zweiergondeln unterzubringen, doch dieses Vorhaben wurde aus Sicherheitsgründen bald fallengelassen.
Boeing investierte 16 Millionen Dollar in Entwicklung und Bau des Prototypen, der am 15. Juli 1954 zu seinem Erstflug startete. Als die amerikanische Luftwaffe im selben Jahr mehrere Exemplare einer als KC-135 bezeichneten Weiterentwicklung der 367-80 für den Einsatz als Tanker orderte, war der Weg – auch finanziell – für die kommerzielle Version 707 frei. Wie so oft war die Pan Am Schrittmacher und gab am 13. Oktober 1955 mit ihrem Auftrag den Startschuß für die erste Serienversion 707-120.
Die 707 (und auch die C-135/KC-135) ähnelten der 367-80 vom äußeren Erscheinungsbild, waren jedoch praktisch in allen Dimensionen gewachsen, und die 707 verfügte als aufwendigste Änderung über einen um etwa zehn Zentimeter gegenüber der militärischen Variante C-135 ver-

Mit der Boeing 707 übernahmen ab 1958 erstmals Jets den Flugverkehr über dem Nordatlantik.

größerten Rumpfdurchmesser, der die Unterbringung von sechs Sitzen pro Reihe ermöglichte.
Pan American erhielt ihre erste Maschine am 20. Dezember 1957, und knapp ein Jahr darauf, am 26. Oktober 1958, eröffnete die Gesellschaft mit einem Flug von New York nach Paris den Jetflugverkehr über den Atlantik, der allerdings erst wirklich regelmäßig aufgenommen wurde, nachdem die Langstreckenausführung 707-320 verfügbar war. Zu den Maschinen der ersten Baureihe gehörten auch die Versionen -220 mit leistungsstärkeren JT4A-3-Triebwerken für den Einsatz von höhergelegenen Flughäfen und -138, eine um gut drei Meter verkürzte Variante für die australische Fluglinie Qantas.
Die 707-320 bzw. 420 Intercontinental, die erstmals 1959 an Pan Am bzw. 1960 an Lufthansa ausgeliefert wurden, konnten in einem um gut zweieinhalb Meter gestreckten Rumpf bis zu 189 Passagiere transportieren. Zudem verfügten beide Modelle über eine größere Spannweite und neue Triebwerke entweder vom Typ JT4 (320) oder Rolls-Royce Conway (420).
Um den Bedarf nach einem Jetmuster für Regionalrouten zu decken, entwarf Boeing die 720. Sie unterschied sich zwar äußerlich fast nur durch ihren geringfügig verkürzten Rumpf von der 707-120, wies aber eine erhebliche leichtere Struktur auf, da dank der geringeren Anforderungen an die Reichweite weniger Treibstoff mitgeführt werden mußte. Zusätzlich erhielt der innere Teil der Tragflächen ein modifiziertes Profil, und fast über die gesamte Spannweite erstreckten sich Vorflügel. Insgesamt 65 Exemplare dieser Version wurden gebaut, die ab 1960 zunächst an United Airlines ausgeliefert wurden.
Das Aufkommen von sogenannten Turbofantriebwerken (auch Mantelstrom-, Zweikreis- oder Bypass-Triebwerk genannt), bei denen ein Teil des Luftstroms nach Passieren der ersten Verdichterstufen (Fan) am restlichen Triebwerk vorbeigeführt wurde und so nicht unerheblichen Einfluß auf Treibstoffverbrauch und Geräuschpegel nahm, ermöglichte neue Versionen der 707/720, an deren Bezeichnung zur Unterscheidung ein „B" angehängt wurde. Als erstes nahm die 707-120B im Juni 1961 bei American Airlines den Liniendienst auf. Dank der neuen Antriebe sowie durch Modifikationen an den Flügelspitzen und den Hochauftriebsklappen konnte beispielsweise die 707-320B bei gleicher Nutzlast etwa 20 Prozent weiter fliegen als die -320. Zum erfolgreichsten Modell der 707-Baureihe wurde die ab Mai 1963 ausgelieferte 707-320C oder Convertible, die sich bei ansonsten identischen Abmessungen von der -320B durch ein großes Frachttor (2,13 x 3,35 m) auf der linken Rumpfseite hinter dem Cockpit sowie durch einige strukturelle Verstärkungen unterschied. Mit ihr konnten je nach Bedarf Passagiere und/oder Fracht transportiert werden.
Die zivile Fertigung endete 1978 mit Auslieferung der letzten 707-320C, während diverse militärische Versionen noch bis 1991 gebaut wurden. Einige Exemplare stehen auch über 20 Jahre nach Auslaufen der Produktion noch immer im Dienst, vor allem als Frachter in afrikanischen Staaten.

Boeing 717
Altbewährtes neu aufgelegt

Das neueste Flugzeug im Boeing-Angebot ist gleichzeitig auch das älteste, denn die 717, deren Prototyp am 2. September 1998 zum Erstflug startete, geht auf den Douglas-Entwurf DC-9 von 1965 zurück.
Ursprünglich wurde die Maschine im Oktober 1995 von McDonnell Douglas als neues Kurzstreckenflugzeug unter der Bezeichnung MD-95 vorgestellt. Die Entwickler kombinierten einen Rumpf, der in etwa dem der DC-9-30 entsprach, mit einem neugestalteten Cockpit inklusive sechs großen Honeywell-Flüssigkristalldisplays und modernen BR715-Triebwerken von BMW Rolls-Royce. Erster und bis heute größter Kunde wurde mit einem Auftrag über 50 Maschinen und weiteren 50 Optionen die amerikanische Billigfluglinie Valujet, die mittlerweile als AirTran firmiert. Nach der 1997 vorgenommenen Fusion von Boeing und McDonnell Douglas kündigten die neuen Herren im Haus nach und nach das Ende aller McDonnell-Douglas-Programme mit Ausnahme der MD-95 an, die Anfang 1998 in 717 umbenannt wurde. Diese Bezeichnung war in der Boeing-Produktreihe sozusagen „frei", nachdem das amerikanische Verteidigungsministerium die von Boeing anfangs als 717 bezeichnete militärische Version der Boeing 707 unter dem Namen C-135 geführt hatte.
Die 717-200, so die offizielle Bezeichnung der ersten Version, verfügte über eine Reichweite von knapp 3000 Kilometern und bot in einer Zwei-Klassen-Bestuhlung 106 Passagieren Platz. Es war jedoch vorgesehen, bei entsprechendem Bedarf größere (717-300) bzw. kleinere Varianten (717-100) zu entwickeln.
Um die Maschine auch europäischen Kunden schmackhaft zu machen, verwies Boeing auf die hohe Zahl von Zulieferbetrieben aus verschiedenen Ländern Europas. Neben dem deutsch-englischen Triebwerkshersteller BMW Rolls-Royce, dessen Anteil am gesamten Programm mit etwa 20 Prozent beziffert wurde, waren noch die italienische Alenia als Lieferant der Rumpfsegmente, Fischer Advanced Composites

Components (FACC) aus Österreich für die Innenausstattung sowie die französische Labinal für die Verkabelung zuständig. Die 717 war von McDonnell Douglas bzw. Boeing für Einsätze auf extremen Kurzstrecken vorgesehen, bei denen zudem möglichst geringe Bodenstandzeiten von großer Bedeutung waren. Das Unternehmen erwartete einen Bedarf von über 2500 Maschinen dieser Kategorie; erste Auslieferungen erfolgten 1999.

Im Herbst 1999 wurden die ersten Exemplare der Boeing 717 ausgeliefert.

Boeing 727
Das dreistrahlige Erfolgsmodell

Die Boeing 727 war nicht der erste Jet auf dem Markt, aber das erste düsengetriebene Verkehrsflugzeug, das in wirklich großen Stückzahlen produziert wurde. Erst die Boeing 737 sollte die beeindruckenden Verkaufserfolge des dreistrahligen Kurz- und Mittelstreckenflugzeugs übertreffen.
Boeing hatte die auf dem Rumpfquerschnitt der viermotorigen 707 basierende Maschine als Ersatz für älteren Muster mit Kolbenmotoren oder Propellerturbinen entwickelt, und nach Aufträgen von Eastern und United Airlines für je 40 Exemplare wurde das Programm Ende 1960 offiziell gestartet. Die 727 verfügte über ein aufwendiges Klappensystem an den Tragflächenvorder- und -hinterkanten, um Einsätze auch von kurzen Pisten mit einer Länge von nur 1500 Metern zu ermöglichen. Erstmals bei einem ihrer Verkehrsflugzeuge installierte Boeing eine Hilfsgasturbine (Auxiliary Power Unit – APU), die dafür Sorge trug, daß auch im Stand und bei abgeschalteten Triebwerken Strom zur Verfügung stand und die Klimaanlage betrieben werden konnte. Ende Oktober 1963 wurde die erste Maschine an United Air Lines ausgeliefert – sie gehört heute dem „Museum of Flight" in Seattle –, aber Eastern Airlines nahm im folgenden Februar als erste Fluggesellschaft den Liniendienst mit dem neuen Jet auf. Dem ursprünglichen Modell 727-100 folgten sehr schnell Kombi- und Quick-Change-Versionen, die innerhalb weniger Stunden bzw. bei letzterer innerhalb weniger Minuten von einem Frachter in eine Passagiermaschine und umgekehrt umgerüstet werden konnten. Um das zu realisieren, wurden bei der 727QC Sitze und Bordküchen auf standardisierten Paletten installiert und durch die große Frachttür an der linken Flugzeug-Vorderseite in die Maschine bzw. aus dieser heraus gerollt.
Bereits 1965 kündigte Boeing an, eine als 727-200 bezeichnete Version für bis zu 189 Passagiere bei einer Einklassen-Bestuhlung zu entwickeln, um der Nachfrage nach größeren Kapazitäten auf einigen Mittelstrecken gerecht zu werden. Bis auf einen um 20 Fuß (etwa 6,10 Meter) ge-

streckten Rumpf unterschied sich die neue Maschine, deren erstes Exemplar am 11. Dezember 1967 an Northeast übergeben wurde, praktisch nicht vom Ausgangsmodell, was unter anderem gewisse Einschränkungen bei der Reichweite mit sich brachte, denn die schwerere 727-200 mußte mit der Treibstoffmenge der -100 auskommen.
Verbesserungen brachte hier ab 1972 die 727-200adv (für advanced = fortgeschritten), die praktisch mit dem Auslaufen der 100er-Serie auf den Markt kam und nicht nur eine größere Treibstoffkapazität und eine dementsprechend verbesserte Reichweite aufwies, sondern auch strukturelle Verstärkungen und leistungsfähigere Triebwerke des Typs JT8D-17 mit jeweils 16000 Pfund (71 kN) Schub. Nach dem Erstflug am 3. März 1972 nahm die 727-200adv bereits im Juli desselben Jahres den Dienst bei der japanischen ANA auf.
Schon ein Jahr zuvor hatten Lufthansa, bei der die 727 unter der Bezeichnung „Europa-Jet" eingesetzt wurde, und Air Algerie ihre Maschinen mit einer neugestalteten Inneneinrichtung versehen lassen, die ab 1972 auch für alle anderen 727, 737 und die immer noch produzierten 707 übernommen wurde.
Am 6. April 1984 wurde die letzte 727 in der Passagierversion an USAir (heute US Airways) ausgeliefert, der letzte Frachter, eine Maschine für FedEx, im September desselben Jahres. Insgesamt 1832 Exemplare – inklusive eines Boeing-Testflugzeugs – der 727 wurden gebaut; eine erstaunliche Zahl, wenn man bedenkt, daß erste Marktprognosen von einem Potential von vielleicht 250 Flugzeugen dieses Typs ausgingen.
Auch Anfang 1999 stand noch eine große Zahl von 727 im Einsatz, und bei einer Reihe von Maschinen wurden die äußeren Triebwerke durch schubstärkere und leisere der Version JT8D-217 ersetzt sowie lärmmindernde Maßnahmen am mittleren Antrieb vorgenommen.

Boeing 737 Das erfolgreichste Verkehrsflugzeug aller Zeiten

Die Boeing 737 kann sicherlich mit Fug und Recht als das erfolgreichste Zivilflugzeug nach dem Zweiten Weltkrieg, wenn nicht aller Zeiten bezeichnet werden. Der Start dieser erstaunlichen Karriere verlief allerdings alles andere als verheißungsvoll. Vor allem auf Drängen der Deutschen Lufthansa entwickelte Boeing Mitte der sechziger Jahre auf Basis der 707-Rumpfquerschnitts einen neuen Kurzstreckenjet, der in der Version 737-100 für 85 bis 99 Passagiere am 9. April 1967 zum Erstflug startete. Das Flugzeug, das ebenso wie die ältere 727 von JT8D-Turbofans

Royal Air Maroc betrieb auch in den neunziger Jahren noch Exemplare der 727-200.

angetrieben wurde, verfügte anders als die vorangegangenen Boeing-Jets über ein Zweimann-Cockpit.
Es stellte sich allerdings schnell heraus, daß die Fluglinien die größere -200 für maximal 124 Fluggäste favorisierten, und so wurde die Produktion der 737-100 nach nur 30 Exemplaren wieder eingestellt.
Im Mai 1971 wurde die 737-200 advanced vorgestellt, die bei gleichen äußeren Abmessungen mit einigen aerodynamischen Verbesserungen, größerer Treibstoffkapazität sowie leistungsstärkeren Triebwerken des Typs Pratt&Whitney JT8D-15A aufwartete. Ab Mitte 1984 wurden zudem Höhen-, Quer- und Seitenruder aus Kohlefaser-Verbundwerkstoffen hergestellt. Erst mit dieser Variante, die in einer Passagier- und in einer Convertible-Version (Passagier/Cargo) angeboten wurde, begann der eigentliche Erfolg der 737.
Anfang der achtziger Jahre beschloß Boeing, mit der 737-300 eine nochmals um knapp drei Meter gestreckte Variante für bis zu 149 Fluggäste anzubieten. Augenfälligster Unterschied zu den beiden ersten Versionen ist die stark modifizierte Triebwerksaufhängung. Die Antriebe – ausschließlich CFM56-3 von CFM International, einem Gemeinschaftsunternehmen von General Electric in den USA und Snecma in Frankreich – sind nicht mehr direkt unter den Tragflächen installiert, sondern wie bei anderen Flugzeugen auch in Gondeln untergebracht.
Die geringe Bodenfreiheit aufgrund des vergleichsweise niedrigen Fahrwerks führte dazu, daß die Verkleidung der Triebwerkseinläufe an der Unterseite abgeflacht werden mußten, was der zweiten 737-Generation, zu der außerdem noch die größere 737-400 und die in der Kapazität der Version -200 vergleichbare -500 gehören, und allen weiteren Modellen ein charakteristisches Erscheinungsbild verleiht.
Die neuen Modelle erhielten geringfügig vergrößerte Höhenleitwerke und Tragflächen, wobei letztere ebenso wie Fahrwerk und Bremsen verstärkt wurden, um das vergrößerte Abfluggewicht aufnehmen zu können.
Zu Beginn der neunziger Jahre begann Boeing – auch unter dem Eindruck des Erfolgs des neuen Airbus A320 – über eine dritte Generation der 737 nachzudenken. Im November 1993 gab die amerikanische Southwest Airlines mit einem Auftrag über 63 Maschinen der Serie 700 den Startschuß für das neue Programm. Während die 737-700 und -600 von den Abmessungen und Kapazitäten her nahezu ihren Vorgängermodellen -300 und -500 entsprachen, wurde die 737-800 im Vergleich zur -400, deren Verkaufszahlen hinter Boeings Erwartungen zurückgeblieben waren, um gut drei Meter verlängert.
Ein Alaska-Airlines-Auftrag vom 10. November 1997 bedeutete den Startschuß für die 737-900, die ebenso wie die -800 für bis zu 189 Passagiere ausgelegt ist, aber um einen nochmals gestreckten Rumpf verfügt.
Im Vergleich zu den Vorgängermodellen erhielten die Ma-

Maersk Air ist einer der europäischen Kunden der Boeing 737-700.

schinen der „Neuen Generation", wie sie von Boeing gerne bezeichnet werden, um etwa 25 Prozent vergrößerte Tragflächen und wurden mit weiterentwickelten CFM56-Triebwerken der Version CFM56-7 ausgestattet. Um die Wartbarkeit zu vereinfachen, kamen zwei- statt der zuvor dreigeteilten Hochauftriebsklappen an der Tragflächenhinterkante zum Einsatz.

Das Cockpit wurde mit sechs großen Flüssigkristalldisplays ausgerüstet, die je nach Wunsch der Fluggesellschaften eine Instrumentendarstellung wie bei den vorangegangenen Modellen oder eine moderne Anzeige à la Boeing 777 ermöglicht.

Aufgrund von Produktionsengpässen und Schwierigkeiten bei der europäischen Zulassung – Boeing mußte nach Einwendungen der JAA einen neuen Türmechanismus für die Notausgänge über den Tragflächen entwickeln – kam es zu Verzögerungen bei den Auslieferungen, so daß die erste Maschine nicht vor Dezember 1997 übergeben werden konnte. Basierend auf einem großen Kundenstamm, konnte Boeing auch für die neuen 737-Modelle hervorragende Verkaufszahlen vermelden, wenngleich sich fast alle großen europäischen Fluglinien in jüngster Vergangenheit für die Konkurrenzmodelle aus Toulouse entschieden. Doch bei Chartergesellschaften und amerikanischen Airlines hat die 737 der dritten Generation wohl vor allem dank der etwas größeren Reichweite nach wie vor gute Karten.

Boeing 747
Der Jumbo unter den Jets

Auch über 30 Jahre nach ihrem Erstflug und nach mehr als 1100 gebauten Exemplaren hat die mächtige Boeing 747 nichts von ihrer Faszination verloren. Im Gegenteil, angesichts der einander immer ähnlicher und zunehmend langweiliger werdenden modernen Verkehrsflugzeuge à la Boeing 777 oder Airbus A340 ist der trotz seiner Größe unbestreitbar elegante „Jumbo Jet" eher noch interessanter geworden und bleibt nach wie vor das Flaggschiff einer jeden Fluglinie.

Mitte der sechziger Jahre lagen die Wachstumsraten im internationalen Luftverkehr zeitweise bei 15 Prozent jährlich, und es war offensichtlich, daß das existierende Fluggerät für einige Strecken bald zu klein sein würde. Douglas streckte daraufhin die DC-8 zur Super-60-Serie, aber den Boeing-Ingenieuren wurde bald klar, daß Vergleichbares mit der 707 nicht zu machen sein würde. Unter tatkräftiger Mithilfe von Pan-Am-Boß Juan Trippe, der in dem Ruf stand, alles zu kaufen, was neu und technisch interessant war, entstand der Plan, ein Flugzeug bislang ungeahnter Größe für bis zu 400 Passagiere zu entwickeln. Wenngleich einige Fluglinien es lieber eine Nummer kleiner gehabt hätten, blieb es bei dieser Kapazität, und eine Pan-Am-Bestellung über 25 Ma-

Die deutsche Chartergesellschaft Hapag-Lloyd setzt die 737-800 für maximal 189 Passagiere ein.

SOUTH AFRICAN
IBHAYI

schinen im April 1966 war der Auftakt für ein aus technischer wie aus finanzieller Sicht gewagtes Unternehmen. Zunächst sollte die 747 einen Doppeldecker-Rumpf erhalten, doch dann kam man davon ab und verbreiterte statt dessen die Kabine, so daß alle Passagiere auf dem Hauptdeck Platz finden konnten. Der Raum hinter dem erhöht angebrachten Cockpit – Trippe hatte auf einer eventuellen Zweitverwendung der 747 als Frachter und einer Belademöglichkeit mittels einer Bugklappe bestanden – war ursprünglich gar nicht für Fluggäste vorgesehen, doch Pan Am und andere Airlines nutzten ihn als Lounge und statteten ihn später auch mit normalen Passagiersitzen aus.

Die Flügel der über 70 Meter langen und mehr als 300 Tonnen schweren 747 waren mit ihrer starken Pfeilung von 37,5 Grad auf hohe Reisegeschwindigkeiten ausgelegt; um dennoch die Landegeschwindigkeit auf dem Niveau der 707 zu halten, erhielt die Maschine ein ausgefeiltes Klappensystem mit Krügerklappen an der Tragflächenvorderkante und dreigeteilte Klappen an der Flügelhinterkante.

Weniger als drei Jahre nach Unterzeichnung der Absichtserklärung durch Pan Am verließ die erste 747 am 30. September 1968 die eigens zu diesem Zweck errichtete riesige Endmontagehalle in Everett, gut 60 Kilometer nördlich von Seattle, und nach einem einjährigen Zulassungsprogramm nahm Pan Am am 21. Januar 1970 auf einem Flug nach London den Linienverkehr mit dem neuen Muster auf.

Die JT-9D-Turbofans von Pratt & Whitney stellten schon während der Testflüge und anfangs auch im Linienbetrieb die größte Schwachstelle der 747 dar, aber die Alternativtriebwerke von General Electric und Rolls-Royce waren noch nicht weit genug fortgeschritten, um den vorgesehenen Zeitplan bis zur Zulassung der 747 einhalten zu können.

Das weitaus größere Problem allerdings, mit dem die 747 in der Anfangszeit zu kämpfen hatte, war der Umstand, daß der Jumbo auf den Markt kam, als aufgrund der Re-

Die 747SP, hier in den Farben der Alliance Air, war eine frühe Langstreckenversion der Boeing 747.

zession zu Beginn der siebziger Jahre und der gerade vor der Tür stehenden Ölkrise die Zeiten des rasanten Wachstums im Luftverkehr vorüber waren. Die schleppenden Verkäufe, die zusätzlich durch die Konkurrenz dreistrahliger Großraumflugzeuge wie Lockheeds TriStar und der DC-10 von McDonnell Douglas beeinträchtigt wurden, veranlaßten die Ingenieure in Seattle, über eine 747-300 mit nur drei Triebwerken nachzudenken. Geplant wurden unterschiedliche Konfiguration mit einer Heckgestaltung à la 727 oder einem rings um den hinteren Rumpfabschnitt laufenden Lufteinlaß für das zentrale Triebwerk. Realisiert wurde allerdings keiner dieser Entwürfe. Statt dessen erschien ab Mai 1975 die 747SP, eine um 14 Meter verkürzte und mit einem einfacheren Klappensystem versehene Langstreckenvariante mit geringerer Passagierkapazität.
Aus dem Grundmodell 747-100 entstanden später die Versionen -100B (Struktur und Fahrwerk verstärkt sowie leistungsfähigere Triebwerken seit 1978) und ab 1970 die -200B mit einem auf 377 Tonnen erhöhten Abfluggewicht. Varianten als Frachter, Kombi (für Passagier- und Frachttransport) sowie Convertible (umrüstbar von Cargo auf Passagiere) waren ebenfalls erhältlich.
Einen Sonderfall unter den 747-Modellen stellte die 747SR (für Short Range = Kurzstrecke) dar, die für den japanischen Inlandsmarkt mit seinem hohen Passagieraufkommen entwickelt wurde und in einer sehr engen Bestuhlung bis zu 550 Fluggästen Platz bot.
Die nächste bedeutende Modifikation erlebte der Jumbo mit Vorstellung der 747-300, in deren um sieben Meter verlängertem Oberdeck 44 zusätzliche Passagiere untergebracht werden konnten, und die am 28. März 1983 von Swissair erstmals in Dienst gestellt wurde. Auch die -300 wurde als Kombi und in der Kurzstreckenversion SR angeboten.
1990 wurden alle bisherigen Baureihen zugunsten der ein Jahr zuvor erstmals ausgelieferten 747-400 eingestellt, die bei Übernahme des 300er-Rumpfes über verlängerte Tragflächen mit 1,8 Meter hohen Winglets zur Reduzierung des Treibstoffverbrauchs und zur Erhöhung der Reichweite auf über 13000 Kilometer (bei Nutzung des optionalen Tanks im Höhenleitwerk) verfügt. Gewichtseinsparungen wurden durch die Verwendung von Kabinenböden aus Verbundwerkstoffen sowie durch den Einsatz von Kohlefaserbremsen erzielt. Außerdem wurde das Cockpit völlig überarbeitet und auf Zweimann-Betrieb umgestellt. Sechs große Bildschirme lösten die unzähligen Rund- und Skaleninstrumente ab. Erster Kunde für die 747-400, die auch als Kombi, Convertible, Domestic (Kurzstreckenversion für JAL und ANA ohne Winglets) sowie als Frachter (ohne verlängertes Oberdeck) angeboten wird, war Northwest Airlines.

Boeing 757
Der 727-Ersatz

Die Boeing 757 entstand Ende der siebziger Jahre als Ablösung der erfolgreichen 727, deren Rumpfquerschnitt die Boeing-Konstrukteure auch für den neuen Typ übernahmen. Mit Hilfe einer komplett neu entworfenen Inneneinrichtung sollte den Fluggästen jedoch das Gefühl einer geräumigeren Kabine vermittelt werden, die ebenfalls neuen Gepäckablagefächer boten zudem den gleichen Stauraum wie die der weitaus größeren Boeing 747.
Mit Platz für 186 Fluggäste bei einer Drei-Klassen-Auslegung war die Maschine etwa zwischen der 727-200 und der parallel entworfenen 767-200 angesiedelt. Eastern Airlines und British Airways gaben mit ihren Aufträgen im August 1978 den Startschuß für die schlanke Mittelstrecken-Maschine, die durch ihren neugestalteten Bug optisch ein wenig aus der Reihe der Boeing-Jets fällt.
Die denen der 767 ähnlichen Tragflächen unterscheiden sich von den Flügeln vorangegangener Boeing-Modelle durch eine geringere Pfeilung, größere Dickenrücklage, eine flachere Unterseite und einen geringeren Nasenradius. Zudem setzte der amerikanische Hersteller erstmals in größerem Umfang moderne Werkstoffe ein, darunter Kohlefaser-Verbundwerkstoffe an Rudern, Triebwerksverkleidungen, Fahrwerkstüren und an nichttragenden Bauteilen wie den Verkleidungen von Rumpf-Flügel-Übergängen sowie verbesserte Aluminium-Legierungen an der Tragflächen-Beplankung.
Im Cockpit kamen erstmals bei einem Boeing-Entwurf Bildschirmgeräte zum Einsatz, die eine Reihe der bis dahin üblichen Rundinstrumente ersetzten. Jeweils zwei übereinander angeordnete Displays für Pilot und Copilot stellten Informationen über Fluglage und Position der Maschine dar, zwei zentral übereinander plazierte Bildschirme lieferten Triebwerks- und Warnanzeigen.
Ein erklärtes Ziel der Entwickler um den späteren Boeing-Chef Phil Condit bestand darin, den Treibstoffverbrauch des dreistrahligen Vorgängermodells deutlich (bis zu 43 Prozent pro Sitz) zu reduzieren, so daß schließlich ein Flugzeug entstand, daß bis heute zu den wirtschaftlichsten überhaupt gehört. Dazu tragen neben den zuvor erwähnten modernen Materialien auch die Triebwerke mit hohem Nebenstromverhältnis (entweder Pratt & Whitney PW2000 oder Rolls-Royce RB.211-535) bei. Dank ihrer niedrigen Sitzplatzkosten, ihrer praktisch konkurrenzlosen Stellung – weder Airbus noch McDonnell Douglas haben bzw. hatten ein vergleichbares Flugzeug im Angebot – und aufgrund ihrer Reichweite von bis zu 4825 Kilometern hat sich die 757 zu einem wahren Renner vor allem

unter europäischen Ferienfluggesellschaften entwickelt, die die Maschine auch auf Langstreckenflügen in die Karibik einsetzen.
Während die zeitgleich entwickelte 767 sehr früh in zwei Versionen angeboten wurde, ließ sich der amerikanische Hersteller bei der 757 vergleichsweise viel Zeit, bis der erstmals am 22. Dezember 1982 an die heute nicht mehr existierende Eastern Airlines ausgelieferten 757-200 die größere -300 folgte. Es bedurfte des massiven Drängens unter anderem durch den 757-Betreiber Condor, ehe sich Boeing im Herbst 1996 entschloß, die – im übrigen von Anfang an vorgesehene – um 7,1 Meter längere Variante für bis zu 279 Passagiere zu offerieren, deren Sitzmeilenkosten etwa 10 Prozent unter denen der ohnehin schon günstigen -200 liegen sollen.
Veränderungen gegenüber dem kleineren Schwestermodell betreffen vor allem die Tragflächen und Teile des Rumpfes, bei denen aufgrund des höheren Abfluggewichts Verstärkungen der Struktur vorgenommen wurden. Zudem wurde am Heck – ebenso wie zuvor schon bei der 777-300 – eine ausfahrbare Kufe installiert, die verhindern soll, daß die Maschine bei Starts mit zu hohem Anstellwinkel den Boden berührt.
Die 757-300 erhielt außerdem ein neues Vakuum-Toilettensystem und ein vollständig neues Interieur, das erstmals bei der dritten 737-Generation verwendet wurde und später auch in die kleinere 757-Variante eingebaut werden soll.

Boeing 767
Die Königin des Atlantiks

Nachdem Airbus Industrie mit der A300 den Beweis angetreten hatte, daß sich ein Großraumflugzeug auch mit nur zwei Triebwerken realisieren läßt, entschloß sich Boeing, parallel zur 757 und mit einem identischen Cockpit die 767 als von Grund auf neues Kurz- und Mittelstreckenflugzeug mit zwei Gängen zu entwickeln. Der Rumpfdurchmesser dieses neuen Typs war um 1,24 größer als bei allen bisherigen Boeing-Flugzeugen mit Ausnahme der 747. Auch die um 25 Grad gepfeilten Tragflächen stellten eine komplette Neuentwicklung dar.
Die 767-200 – eine ursprünglich einmal vorgesehene Version -100 für etwa 180 Passagiere wurde nie verwirklicht –, von der United Airlines im Juli 1978 30 Exemplare bestellt hatte, sollte in einer Zwei-Klassen-Auslegung etwa 224

Delta Air Lines gehört zu den US-Gesellschaften, die die Boeing 757 auf Inlandsrouten einsetzen.

Passagiere nonstop zwischen San Francisco und New York transportieren können. Mit der Einführung einer ER-Variante (Extended Range = vergrößerte Reichweite) konnten auch weiter auseinanderliegende Ziele wie Tokio und Sydney verbunden werden, und die 767 wurde zunehmend auf Strecken eingesetzt, für die die bislang mangels Alternative verwendete Boeing 747 zu groß und damit zu unwirtschaftlich war. Dies geschah in noch größerem Umfang, nachdem Boeing fünf Jahre nach dem 767-Programmstart die um 6,43 Meter verlängerte 767-300 vorstellte, und die amerikanische Luftverkehrsbehörde FAA im Mai 1985 den Einsatz der zweimotorigen Maschinen auf Routen gestattete, bei denen die Flugzeug bis zu 120 Minuten von einem Ausweichflughafen entfernt waren. Diese sogenannte ETOPS-Regelung (extended twin-engine operation) wurde später sogar auf 180 Minuten ausgedehnt. Die 767-300ER – auch die größere Variante wurde in einer Langstreckenversion angeboten – war in der Lage, mit 218 Personen an Bord gut 11000 Kilometer weit zu fliegen. Für Charterflüge können theoretisch bis zu 350 Fluggäste untergebracht werden, und der britische Ferienflieger Britannia hat tatsächlich seine 767-300 für Langstreckenflüge mit 328 Sitzen versehen.

Schon Mitte der achtziger Jahre hatte Boeing auf Drängen verschiedener Fluglinien an weiteren Versionen dieses – mittlerweile von einer Kurz- und Mittelstreckenmaschine zu einem vorwiegend auf Langstrecken eingesetzten Muster mutierten – Flugzeugs gearbeitet. Doch die vorgeschlagenen Varianten, die vor allem auf die Forderung der Airlines nach mehr Sitzplätzen zurückgingen und von denen die ausgefallenste mit einem doppelstöckigen Rumpfheck (!) aufwartete, fanden allesamt keine Gnade, so daß sich der amerikanische Flugzeughersteller schließlich zum Bau der von Grund auf neuen „Triple Seven" 777 entschloß.

Erst mit dem Erscheinen des Airbus A330-200, der mit seiner größeren Passagierkapazität und Reichweite in einem angestammten Feld der 767, nämlich dem Langstrecken-Charterverkehr, zu „wildern" begann, besann man sich in Seattle dieser alten Überlegungen und bot mit der 767-400ER eine im Vergleich zur -300 um fast sechseinhalb Meter gestreckte Maschine an, die in einer Zwei-Klassen-Konfiguration 304 Fluggästen Platz bieten sollte. Um trotz des größeren Abfluggewichts von bis zu 204 Tonnen die Reichweite der -300ER so weit wie möglich beizubehalten, erhielt die längste 767-Version neue Flügelspitzen, die stärker als die restliche Tragfläche gepfeilt sind und die Spannweite um 4,35 Meter erhöhen. Diese vergleichsweise simple Lösung erlaubte es Boeing, die ursprünglichen Tragflächen im wesentlichen beizubehalten; gleichzeitig blieb die Spannweite so klein, daß die 767-400 an den für L-1011, DC-10 oder A300 – Flugzeugtypen, als deren Ersatz sie vorgesehen war – bestimmten Gates andocken kann.

Die größten Veränderungen gegenüber den beiden Schwestermodellen betrafen das Cockpit, dessen Gestaltung mit sechs großen Flüssigkristall-Bildschirmen an die Boeing 777 erinnerte. Wie schon bei der dritten 737-Generation wurden auch die Displays in der 767-400 so pro-

Boeings 767 wird oft auf Langstreckenverbindungen mit geringem Passagieraufkommen eingesetzt.

grammierbar, daß sie entweder die Instrumentenanordnung in älteren 767-Version widerspiegelt oder der bei neuen Flugzeugen wie der „Triple Seven" üblichen Darstellung von Fluglage- und Navigationsdaten folgt.

Boeing 777
Das längste Flugzeug der Welt

Der weltgrößte Flugzeughersteller betrat mit der „Triple Seven", also der „Dreifachen Sieben", wie die Neuentwicklung populär aufgrund ihrer Boeing-Bezeichnung genannt wurde, in vielen Bereichen Neuland. Einmal, weil das Flugzeug komplett am Computer-Bildschirm entwickelt wurde und erstmals sogenannte Design Build Teams zum Einsatz kamen, in denen Mitarbeiter nicht nur aus der Entwicklung, sondern auch aus den Bereichen Fertigung, Qualitätskontrolle und Kundenbetreuung sowie sogar Vertreter von Fluglinien zusammengefaßt wurden. Dazu kommt, daß die Boeing 777 mehr technische Neuigkeiten aufweist als jedes andere Boeing-Flugzeug zuvor – vielleicht mit Ausnahme des ersten Jets 707. Erstmals verzichtete der amerikanische Hersteller auf eine konventionelle Flugsteuerung und setzte statt dessen auf „Fly by Wire", also die Übermittlung der Steuereingaben nicht über Seilzüge und Stangen, sondern über elektrische Signale zu

den Steuerflächen. Auf einen Sidestick wurde allerdings verzichtet und statt dessen ein konventionelles Steuerhorn eingebaut. Eine Boeing-Premiere stellte auch das Glascockpit dar, das von den sechs großen Flüssigkristall-Bildschirmen der Honeywell-Avionik dominiert wird.

Die 777 wurde konzipiert, nachdem Boeing erfolglos versucht hatte, Fluggesellschaften für eine als 767-X oder 767-400 bezeichnete Weiterentwicklung des Mittel- und Langstreckenmusters 767 zu begeistern. Beim Programmstart im Oktober 1990 – nach einem Auftrag von United Airlines über bis zu 68 Maschinen – waren zunächst zwei Versionen des neuen Musters vorgesehen, das A-Market- und das B-Market-Model, später als 777-200 und 777-200IGW (increased gross weight = vergrößertes Abfluggewicht) bezeichnet.

Für die Montage des neuen Großraumflugzeugs, an dessen Fertigung japanische Unternehmen zu etwa 20 Prozent als Risk-Sharing-Partner beteiligt waren, wurden die riesigen Boeing-Fertigungshallen in Everett bei Seattle, in denen bislang die Modelle 747 und 767 gefertigt wurden, um etwa 50 Prozent vergrößert.

Am 9. April 1994 wurde die erste 777 in Everett der Öffentlichkeit vorgestellt, und gut zwei Monate später begann mit dem Erstflug ein umfangreiches Erprobungsprogramm, denn schon mit Übernahme in den Liniendienst sollte das neue Modell über eine ETOPS-Zulassung für zweimotorige Flüge über lange Strecken verfügen.

Wie bereits erwähnt, arbeitete Boeing bei der Entwicklung eng mit mehreren potentiellen Kunden zusammen, und ein Wunsch aus dieser Airline Advisory Group, vorrangig von American Airlines vorgebracht, sorgte dafür, daß die Triple Seven optional mit klappbaren Tragflächenspitzen ausgerüstet werden konnte, um trotz der großen Spannweite der Maschine vorhandene Parkpositionen nutzen zu können. Allerdings hat sich bis heute keine Fluggesellschaft für diese Möglichkeit entschieden, auch nicht American Airlines, die im übrigen in den ersten Jahren nach dem Programmstart überhaupt keine 777 orderte.

Nur einen Monat nach Auslieferung der ersten 777-200 an United am 15. Mai 1995 kündigte Boeing die Entwicklung einer gestreckten Version unter der Bezeichnung 777-300 an. Das für bis zu 550 Passagiere ausgelegte Flugzeug übertrifft mit einer Länge von 73,8 Metern sogar die riesige Boeing 747. Cathay Pacific erhielt am 21. Mai 1998 die erste von sieben bestellten Maschinen.

Ursprünglich war auch einmal eine Version -100 vorgesehen, die aber recht bald wieder in Boeings

Die Triebwerke der Boeing 777 haben in etwa den Durchmesser eines 737-Rumpfes.

Schubladen versank und Überlegungen für reichweitengesteigerte Versionen der beiden produzierten Modelle unter den vorläufigen Bezeichnungen 777-200X und -300X Platz machten. Die Asienkrise, die einigen potentiellen Kunden schwer zu schaffen machte, sowie die nahezu zeitgleich offerierten vierstrahligen Konkurrenzmuster A340-500 bzw. -600 führten jedoch dazu, daß bislang noch keine Airline feste Bestellungen aufgegeben hat.Das letzte komplett neu entworfene Verkehrsflugzeug dieses Jahrhunderts und die erste wirkliche Neuentwicklung Boeings seit dem Doppelprogramm 757/767 Ende der siebziger Jahre stellte nicht nur für den amerikanischen Flugzeugbauer eine große Aufgabe dar, sondern vor allem auch für die Triebwerkshersteller, die für ein zweimotoriges Flugzeug dieser Größenordnung Antriebe in einer bislang unbekannten Dimension – sowohl von der Größe als auch von der Leistung – entwickeln mußten. Keiner der Großen wollte bei diesem Mammutprogramm beiseite stehen, und so boten mit General Electric (GE90), Pratt&Whitney (PW4000) und Rolls-Royce (Trent 800) gleich drei Firmen ihre Produkte an.

Mit der 777, auch „Triple Seven" genannt, betrat Boeing in vielen Bereichen technisches Neuland.

de Havilland Canada DHC-6 Twin Otter
Unverwüstlich und vielseitig

Ob auf Schwimmern im Linienverkehr zwischen Vancouver und Vancouver Island, ob als zuverlässiges Bindeglied zwischen den weitverstreuten Ortschaften in den Bergen des Himalayas oder auf Kufen irgendwo in den Weiten Alaskas – auch fast 35 Jahre nach ihrem Erstflug war die Twin Otter in vielen Gegenden der Welt ein unverzichtbares und universell einsetzbares Transportmittel.
Wenngleich der Name einen solchen Schluß nahelegte, hatte die Twin Otter wenig gemein mit der einmotorigen DHC-3 Otter. Bei drei Sitzen pro Reihe konnten bis zu 20 Fluggäste in dem zweimotorigen Hochdecker mit festem Fahrwerk befördert werden, und die beiden PT6-Propellerturbinen verliehen der Twin Otter je nach Version eine Reisegeschwindigkeit von maximal 340 km/h. Apropos Version: Neben den bereits erwähnten Möglichkeiten, die DHC-6 nach Bedarf mit Radfahrwerk, Kufen oder Schwimmern auszurüsten, gab es insgesamt vier Basisserien. Von der Version 1, deren Kapazität auf 16 Sitze beschränkt war, wurden nur fünf Exemplare – inklusive des Prototypen, der erstmals am 20. Mai 1965 startete – gebaut. Die darauffolgende 100er-Serie, die ebenso wie die Serie 1 zu den sogenannten „Kurznasen"-Twin-Ottern gehörte, verfügte über eine größere Tür auf der linken Flugzeugseite und bot Platz für maximal 21 Fluggäste. Ab der Serie 200 wurde die Nase des Flugzeugs verlängert, um einen größeren Gepäckraum zu schaffen, ebenso wurde der rückwärtige Gepäck-Stauraum sowie die entsprechenden Zugangstüren vergrößert. Die DHC-6-300 erhielt zusätzlich leistungsstärkere PT6A-27-Triebwerke und verfügte über ein höheres Abfluggewicht. Von den verschiedenen Versionen wurden bis zur Einstellung der Produktion 1998 insgesamt 844 Exemplare gefertigt.

de Havilland Canada Dash 7
Für extrem kurze Pisten

Von 1975 bis 1988, zwei Jahre nach der Übernahme durch Boeing, produzierte de Havilland Canada insgesamt 113 Exemplare der DHC-7 oder Dash 7, wie der viermotorige Turboprop auch genannt wurde. Angesichts des in den Weiten Kanadas immer denkbaren Einsatzes von kurzen unbefestigten Pisten wiesen eigentlich alle de-Havilland-Modelle sehr gute Kurzstarteigenschaften auf, aber daß ein Flugzeug dieser Größe für immerhin 50 Passagiere mit einer nur 2260 Fuß langen Piste auskam, stellte so ziemlich alles andere in den Schatten. Vier PT6-Propellerturbinen und das ausgeklügelte System eines Tragflügels hoher Streckung (10:1) mit doppelt geschlitzten Klappen fast

Malaysia Airlines verfügt nicht nur über Jets, sondern setzt auch die DHC-6-300 ein.

Extreme Kurzstarteigenschaften zeichneten die de Havilland Dash 7 aus.

über die gesamte Spannweite waren die Ursache für diese Leistungsfähigkeit, während das Zusammenwirken von kräftigen Bremsen, Propellerverstellung und Spoilern dafür sorgte, daß die Landestrecke noch einmal kürzer ausfiel.
Die Dash 7 erwies sich zudem als sehr freundlicher Nachbar, denn die Geräuschkulisse der Maschine bei Start und im Landeanflug war unschlagbar niedrig. Dieser Umstand und die hervorragenden Kurzstarteigenschaften waren mit ausschlaggebend für die Schaffung des London City Airports, dessen Lage inmitten der in jüngster Zeit sanierten ehemaligen Hafenanlagen der britischen Hauptstadt Fluggerät mit eben diesen Charakteristika erforderte.
Die Dash 7 wurde außer in der anfänglichen Passagierversion der Serie 100 auch in der Version 101 als Frachter angeboten. Später folgten als einzige größere Modifikation die Serien 150 (Passagiere) und 151 (Fracht), die sich durch ein höheres Abfluggewicht und eine größere Reichweite auszeichneten. Eine ursprünglich erwogene gestreckte Dash 7-300 wurde niemals realisiert.

de Havilland Canada Dash 8
Andauernder Erfolg

Nicht zuletzt dank ihrer Fähigkeit zum Einsatz auch von kürzesten Pisten – quasi das de-Havilland-Familienerbe – und aufgrund einer klugen Familienpolitik des Herstellers hat sich die Dash 8 eine starke Präsenz auf den hartumkämpften Commuter- bzw. Regionalverkehrsmärkten Nordamerikas und Europas sichern können – selbst gegen die Konkurrenz durch die europäischen ATR-Turboprops und die modernere Dornier 328.
Auf den Programmstart 1980 folgte am 20. Juni 1983 der Erstflug der Dash 8-100 für 37 bis 40 Passagiere. In ihrer Grundkonfiguration als Hochdecker mit T-Leitwerk war die Dash 8 der vorangegangenen Dash 7 sehr ähnlich, doch die vier PT6-Triebwerke des älteren Musters waren zwei PW120-Turboprops, ebenfalls von Pratt&Whitney Canada, gewichen. Nach der Zulassung durch Transport Canada flog das neue Muster ab Dezember 1984 für den Erstkunden norOntario.
Nach der Übernahme de Havillands durch Boeing bestätigten die neuen Eigner die bereits zuvor geplante Entwicklung eines 50/56-Sitzers mit der Bezeichnung Dash 8-300. Der zusätzliche Platz in der Kabine wurde gewonnen, indem man den Rumpf um insgesamt 3,43 Meter vor und hinter den Tragflächen verlängerte. Erste Auslieferungen der Dash 8-300 erfolgten ab dem 27. Februar 1987.
Ab März 1992 wurde als zusätzliche Variante das Modell Dash 8-200 angeboten, dessen Abmessungen und Kapazität denen der -100 entsprachen, das aber aufgrund der stärkeren PW123-Triebwerke eine Reisegeschwindigkeit von 546 km/h erreichte und über bessere Leistungen beim Flug mit nur einem Motor verfügte. Ein Lärm- und Vibrationsunterdrückungs-System (NVS) machte im übrigen seit etwa Mitte der achtziger Jahre aus allen Dash 8 die

Die Dash 8 ist in der ganzen Welt zu Hause: eine Dash 8-300 von Saega Airlines aus Malaysia.

Dash 8Q (Q für Quiet).
Schon 1988 hatten Überlegungen zur Entwicklung einer 70-sitzigen Dash 8-400 bestanden, doch es dauerte bis zum Juni 1995, ehe das Unternehmen, seit 1992 Teil von Bombardier, den Programmstart verkünden konnte. Die gegenüber der -300 nochmals um gut sieben Meter verlängerte Variante wurde von neuentwickelten PW150-Triebwerken über einen ebenfalls neuen Sechsblatt-Propeller angetrieben und absolvierte ihren Jungfernflug am 31. Januar 1998. Erste Auslieferungen waren für Anfang 2000 vorgesehen.
Zum Erscheinungszeitpunkt dieses Buches schien es allerdings zweifelhaft, daß die Dash 8-400 angesichts zunehmender Konkurrenz durch Jets – mit der CRJ-700 auch aus dem eigenen Haus – und einer generell geringeren Nachfrage nach Turboprop-Mustern dieser Größe den Erfolg ihrer kleineren Schwestern würde wiederholen können.

Canadair Jet CRJ-100/200
Der erste Regionaljet

Ganz korrekt ist es natürlich nicht, den Canadair Jet als ersten Regionaljet zu bezeichnen. Schließlich gab es schon lange zuvor die Fokker F28 „Fellowship", und auch die HS.146 (vielleicht eher als BAe 146 bekannt) sowie die glücklose VFW 614 waren schon eine Weile in der Luft. Aber mit Fug und Recht kann behauptet werden, daß erst der aus dem Canadair-Businessjet hervorgegangene 50-Sitzer den bis dahin vorrangig den Turboprops vorbehaltenen Regionalmarkt für düsengetriebene Flugzeuge geöffnet und den nachfolgenden Boom möglich gemacht hat. Ganz nebenbei hat der CRJ auch dazu beigetragen, daß Hersteller wie Saab oder Jetstream die Segel streichen und die Produktion einstellen mußten.
Drei Jahre, nachdem der aufstrebende Mischkonzern Bombardier den Flugzeughersteller Canadair übernommen hatte, gab das Unternehmen im März 1989 den Startschuß für die Entwicklung eines 50-sitzigen Regionaljets, nachdem 56 Bestellungen und sechs Optionen unter anderem von der deutschen DLT, dem Vorläufer der Lufthansa CityLine, vorlagen.
Ausgangsmuster für den neuen Jet war das Geschäftsreiseflugzeug Challenger CL-601, dessen Rumpf um knapp sechs Meter gestreckt wurde. Neue, für den Einsatz im Linienverkehr optimierte Tragflächen wurden ebenso entwickelt wie ein neues Fahrwerk; zudem wurden der Treibstoffvorrat und das maximale Abfluggewicht vergrößert sowie etwas leistungsfähigere Triebwerke vom Typ General Electric CF34-3A1 eingebaut. Der erste Canadair Regional Jet 100 absolvierte seinen Erstflug am 10. Mai 1991, und im Januar 1993 erfolgten die Zulassungen durch FAA und JAA. Das Konzept des CRJ erwies sich als voller Erfolg, und der Hersteller Bombardier profitierte natürlich davon, daß Fluglinien gezwungen waren, auf bestimmten Strecken ebenfalls düsengetriebene Regionalflugzeuge einzusetzen, sobald ein Konkurrent den Anfang gemacht hatte. Bereits knapp sechs Jahre nach der

Zulassung konnte Bombardier die 500. Bestellung für einen Regional Jet (inklusive der 70-sitzigen Variante) verbuchen. Die Regional Jets der Serie 100 wurden ab 1995 durch die der Serie 200 mit leistungsfähigeren und effizienteren Triebwerken (CF34-3B1) abgelöst. Angeboten werden neben dem Ausgangsmuster CRJ-200 die Versionen 200ER (extended range) und LR (long range), die unterschiedliche maximale Abfluggewichte (bis 24040 kg) und entsprechend unterschiedliche Reichweiten (maximal 3700 km) aufwiesen.

Normalerweise konnten in der 2,60 Meter breiten und 1,87 Meter hohen Kabine des Canadair Regional Jets 50 Personen bei einer Bestuhlung mit vier Sitzen pro Reihe Platz, doch Bombardier bot mit den Modellen Canadair Special Edition (SE) und Corporate Jetliner auch Varianten mit geringeren Sitzplatzkapazitäten an.

Canadair Jet CRJ-700
Die lange Röhre

Es durfte nicht weiter überraschen, daß mit dem Erfolg des Canadair Regional Jets auch die Forderung nach einer größeren Version aufkam, zumal bei den 70-Sitzern nach dem Ende Fokkers nur noch die Turboprops ATR 72 und Dash 8-400 – letzterer ebenfalls von Bombardier – sowie die vierstrahlige und daher nicht sonderlich wirtschaftliche Avro RJ70 von British Aerospace verfügbar waren. Das CRJ-700-Programm wurde am 21. Januar 1997 offiziell gestartet, und erste Auslieferungen waren für das vierte Quartal 2000 vorgesehen. In der um 5,64 Meter gegenüber dem ursprünglichen Regional Jet gestreckten Kabine sollten 70 Passagiere Platz finden, wobei die zusätzlichen Sitze in Verbindung mit den verbrauchsgünstigeren CF34-8C1-Triebwerken für eine deutliche Senkung der Sitzkilometerkosten sorgten. Tragflächen und Leitwerke wurden vergrößert und dem höheren Abfluggewicht angepaßt. Wenngleich eine weitgehende Kommunalität zwischen den beiden Mustern angestrebt wurde, um den Fluglinien Kosteneinsparungen beim Pilotentraining und der Ersatzteilhaltung zu ermöglichen, nahm Bombardier doch in einigen Punkten weitgehende Modifikationen vor, die nicht zuletzt auf Forderungen der Airlines nach mehr Platz und mehr Passagierkomfort zurückgingen. So wurden die Fensterreihen zu beiden Seiten des Rumpfes um etwa 12 Zentimeter angehoben und der Fußboden geringfügig abgesenkt, um die Sicht nach außen zu verbessern. Zudem wurde im vorderen Rumpfteil ein zusätzliches Unterflur-Gepäckfach geschaffen, um das große Manko des CRJ – zuwenig Stauraum für Handgepäck –, das beim CRJ-700 angesichts zwanzig zusätzlicher Passagiere eher noch

Ein Candair Regional Jet der Serie 100 im Dienst der argentinischen Southern Winds.

Die 30-sitzige Embraer EMB-120 war ein wichtiges Muster für den Regionalluftverkehr.

gravierender zu Tage getreten wäre, ein wenig zu mildern. Zwar machten Vertreter von Fluglinien immer wieder deutlich, daß sie eine völlig neue Lösung mit einer insgesamt geräumigeren Kabine – vor allem der Fußraum bei den Fenstersitzen und die Arbeitsumgebung für die Flugbegleiter wurden als zu gering bemessen angesehen – vorgezogen hätten, aber angesichts fehlender Alternativen bzw. der Noch-Nicht-Verfügbarkeit des 728JET konnte Bombardier eine ganze Reihe von Aufträgen bisheriger CRJ-Kunden für den Jet mit einer Reichweite von maximal 3760 Kilometern verbuchen.

Embraer EMB-110
Der brasilianische Pionier

Die EMB-110 Bandeirante (= Pionier) war nicht nur ein ausgesprochen erfolgreiches Regionalflugzeug, sondern im Prinzip auch der Beginn der zivilen brasilianischen Luftfahrtindustrie, denn das bis 1994 mehrheitlich in Staatsbesitz befindliche Unternehmen Embraer wurde 1969 vorrangig gegründet, um den neuentwickelten Regionalturboprop zu bauen und zu vermarkten. Ausgehend von einem neunsitzigen Vorgängermodell entstand damals als Antwort auf eine staatliche Forderung nach einem leichten Transportflugzeug für militärische und zivile Zwecke die vergrößerte EMB-110 mit Platz für zwölf Personen. Nach dem Erstflug am 9. August 1972 erhielt die Maschine im Dezember desselben Jahres ihre Zulassung, und bereits im April 1973 wurde eine EMB-110C an den ersten Airline-Kunden, die Transbrasil, ausgeliefert. Dieses Modell unterschied sich von der ursprünglichen Version durch eine auf 15 Plätze – bei drei Sitzen pro Reihe – erhöhte Passagierkapazität.

Spätere Versionen der Bandeirante für den kommerziellen Luftverkehr umfaßten die Modelle EMB-110P mit Platz für 18 Passagiere und die bei weitem erfolgreichsten gestreckten Varianten EMB-110P1, P1(A) und P2. Der Rumpf der Maschine wurde von 14,20 auf 15,08 Meter verlängert, außerdem wurden leistungsstärkere Triebwerke des Typs PT6A-34 installiert. Wenngleich in der EMB-110, von der insgesamt fast 500 Exemplare gebaut wurden, bis zu 23 Passagiere untergebracht werden konnten, flog die Maschine doch normalerweise mit einer Bestuhlung für 18 Fluggäste.

Embraer EMB-120
Erfolgreicher Nachfolger

Durch die Verkaufszahlen der Bandeirante ermutigt, begann Embraer über die Entwicklung eines gestreckten Nachfolgemusters nachzudenken, dessen Prototyp am 27. Juli 1983 zu seinem Erstflug startete. Der Entwurf, in dessen Kabine nun maximal 30 Fluggäste Platz fanden, erwies sich für den brasilianischen Hersteller als voller Erfolg und wurde zu einem der wichtigsten Regionalflugzeuge der achtziger und neunziger Jahre. Die ursprünglichen PW115-Propellerturbinen wurden bald durch stärkere PW118 ersetzt, die einen Vierblatt-Propeller von Hamilton Standard antrieben und der Maschine zu einer Reisegeschwindigkeit von 556 Stundenkilometern verhalfen.
Über die Jahre wurden verschiedene Versionen, deren äußere Abmessungen im wesentlichen identisch blieben, entwickelt, darunter Kombimodelle für den Transport von

Die ERJ-135 für maximal 37 Passagiere unterscheidet sich kaum von der größeren ERJ-145.

Passagieren und Fracht, spezielle Varianten für den Einsatz unter „Hot & High"-Bedingungen mit PW118A-Triebwerken und eine Quick-Change-Variante, die sich vom Frachter in eine Passagiermaschine umrüsten ließ.

Embraer ERJ-135
Familienbande

Nachdem Fairchild Aerospace seine Absicht erklärt hatte, aus der Dornier 328 einen Regionaljet zu entwickeln, war klar, daß vergleichbare Ankündigungen anderer Hersteller nicht lange auf sich warten lassen würden. Da die ERJ-145 auf dem 30-Sitzer EMB-120 basierte, war es für den brasilianischen Hersteller kein großes Problem, neben dem 50-sitzigen Jet auch eine kleinere Variante für 37 Passagiere anzubieten. Der Erstflug am 4. Juli 1998 erfolgte nur zehn Monate nach der Bekanntgabe des neuen Programms im September 1997. Die ERJ-135 wurde gegenüber ihrer größeren Schwester um 3,54 Meter verkürzt, sollte aber ansonsten zu 90 Prozent identisch sein, inklusive der AE3007A-Triebwerke von Allison, für die allerdings ein neues FADEC-System installiert wurde. Die beiden Prototypen, von denen der erste am 12. Mai 1998 erstmals der Öffentlichkeit vorgestellt wurde, waren demzufolge auch nur modifizierte ERJ-145. Nicht zuletzt dank der weitgehenden Kommunalität mit der ERJ-145 konnte Embraer bereits vor dem Erstflug eine beachtliche Zahl von Bestellungen verbuchen, und erste Auslieferungen waren bei Drucklegung dieses Buches für Mitte 1999 vorgesehen.

Embraer ERJ-145
Verkaufsschlager

Bereits kurz nach dem Programmstart für den Canadair Regional Jet hatte auch Embraer 1989 angekündigt, an einer düsengetriebenen Version der EMB-120 für etwa 50 Passagiere zu arbeiten. Um Entwicklungskosten zu sparen, wurde eine möglichst große Baugleichheit angestrebt, und man plante, die Triebwerke an der Oberseite der Tragflächenvorderkante zu installieren. Windkanaltests ergaben jedoch, daß damit die gewünschten Leistungen nicht erreicht würden. Nachdem man im Anschluß erwogen hatte, die Antriebe unter den Flügeln aufzuhängen, entschloß man sich schließlich, die beiden AE3007A-Turbofans von Allison (Rolls-Royce) wie beim Konkurrenzmuster CRJ seitlich am Heck anzubringen. Auch wurden die Tragflächen, anders als bei der EMB-120 und anders als ursprünglich vorgesehen, gepfeilt, und man verzichtete auf die noch die ersten Entwürfe zierenden Winglets. Aus Kostengründen wurde der Rumpfquerschnitt der EMB-120 Brasilia auch für die EMB-145, wie die anfängliche Bezeichnung lautete, beibehalten, was zu einem langen schlanken Flugzeug führte, aber gleichzeitig gewisse Einschränkungen hinsichtlich des Komforts im Vergleich zum Canadair Regional Jet mit sich brachte. Das Cockpit wurde mit Primus-1000-Avionik von Honeywell ausgestattet und erhielt fünf große Bildschirme.
Zwar erfolgte die Endmontage der ERJ-145, so die neue Bezeichnung ab 1998, in Brasilien, doch einzelne Komponenten wurden von der spanischen Gamesa (Tragflächen), der Sonaca aus Belgien (Teile des Rumpfs) oder der chilenischen Enaer (Seiten- und Höhenflosse sowie Höhenruder) gefertigt.

Dank des äußerst günstigen Verkaufspreises fand der Regionaljet, der in verschiedenen Versionen unter anderem als ERJ-145ER (Extended Range) oder LR (Long Range) angeboten wurde, viele Abnehmer. Auch amerikanische Commuter-Airlines wie Continental Express oder American Eagle erteilten eine Reihe von Großaufträgen.

Embraer ERJ-170/190
Herausforderer für Fairchild

Daß das brasilianische Unternehmen, dem mit den Modellen ERJ-145 und ERJ-135 ein beeindruckender Wiedereinstieg ins Regionalflugzeug-Geschäft gelungen war, dem deutsch-amerikanischen Konkurrenten Fairchild und dessen 728JET-Familie das Feld bei den 70- bis 100-Sitzern allein überlassen würde, war kaum zu erwarten. Zumal auch kleinere Fluglinien zunehmend darauf achteten, ihre Flotten aus vergleichsweise wenig Grundmustern möglichst eines einzigen Herstellers zusammenzusetzen, um die Be-

Embraer konnte für den Regionaljet ERJ-145 sehr schnell beachtliche Auftragszahlen verkünden.

Mit den Modellen ERJ-170 und ERJ-190 rundet Embraer die eigene Produktpalette ab.

satzungen flexibel einsetzen zu können und Wartungskosten zu sparen. Dank der großen Verbreitung der kleineren Jet-Muster konnte Embraer daher auf starkes Interesse für neue Regionaljets mit 70 und mehr Sitzen hoffen.
Zwar ähnelten sich die Entwürfe der verschiedenen Hersteller auf den ersten Blick sehr, doch im Gegensatz zu Fairchild – und zu Bombardier, die ebenfalls an der Entwicklung eines Jets für 90 bis 110 Passagiere arbeiteten – sah Embraer bei ihren Modellen nur vier Sitzplätze pro Reihe vor.
Nachdem das Unternehmen im Februar 1999 angekündigt hatte, an zwei neuen Flugzeugen mit den Bezeichnungen ERJ-170 und ERJ-190 zu arbeiten, konnte im selben Sommer die lange als potentieller Fairchild-Kunde gehandelte schweizerische Crossair für die geplanten Muster gewonnen werden. Auf dem Aerosalon in Paris wurde ein Auftrag über bis zu 160 Flugzeuge und damit einhergehend der Programmstart bekanntgegeben. Die ERJ-190 wurde nun in zwei Versionen für 98 bzw. 108 Passagiere angeboten. Als Triebwerk wurde das CF34 von General Electric gewählt, das auch schon bei den Canadair Regional Jets und der 728JET-Familie Anwendung gefunden hatte. Erste Auslieferungen der ERJ-170 waren für Ende 2002 vorgesehen, die ERJ-190-200 sollte im Frühjahr 2004 folgen.

Fairchild (Swearingen) Metro
Vom Geschäftsreiseflieger zum Regioliner

Wenngleich sich mit dem zu Neige gehenden Jahrhundert auch die große Zeit der Metro langsam ihrem Ende entgegen neigte, war der schlanke 19-Sitzer, von dem mehr als 560 Exemplare der diversen Versionen gefertigt wurden, für seine Hersteller Swearingen und später Fairchild ein äußerst erfolgreiches Produkt.
Swearingen hatte die ursprüngliche Metro 1969 aus dem Geschäftsreiseflugzeug Merlin entwickelt, dessen kreisrunder Rumpf mit einer Kabinenhöhe von 1,45 Metern zur Unterbringung der zusätzlichen Passagiere auf gut 18 Meter verlängert wurde. Für den Antrieb sorgten zwei TPE331-Propellerturbinen, zur damaligen Zeit das Standard-Triebwerk für Flugzeuge dieser Größe. Auf diese in nur 18 Exemplaren gefertigte erste Metro folgte die Metro II, bei der man die Kabine zur Reduzierung des Innenlärms modifiziert hatte.
Ab 1981 produzierte Fairchild die Metro III, deren leistungsfähigere Triebwerke, höheres Abfluggewicht und größere Spannweite zu einer besseren Wirtschaftlichkeit beitrugen und diese Version zur erfolgreichsten unter den Metro-Varianten machten. Das abschließende Serienmuster war die Metro 23, die ihren Namen der Zulassung nach FAR 23 verdankte und als schwerste unter den Metrolinern ein maximales Abfluggewicht von fast siebeneinhalb Tonnen auf die Waage brachte.
Mitte der neunziger Jahre wurde die Entwicklung eines neuen Metro-Modells mit einer höheren Kabine – vergleichbar etwa der Beech 1900D – erwogen, aber 1998 beschloß Fairchild, die Produktion komplett einzustellen.

Der 19-Sitzer Fairchild Metro basiert auf dem Geschäftsreiseflugzeug Merlin desselben Herstellers.

Die ERJ-145 erwies sich auch in Europa als sehr populäres Muster.

Atlantic Southeast Airlines betreibt Embraer EMB-120 auf Regionalstrecken für Delta Air Lines.

Auf Basis der Dornier 328 entwickelte Fairchild Aerospace die 328JET mit Turbofan-Antrieb.

Fairchild Dornier 328JET/428JET
Was lange währt ...

Bereits unter Dasa-Führung war bei Dornier über eine Jetversion der 328 nachgedacht worden, aber erst nachdem die Daimler-Benz-Tochter den Großteil ihre Anteile an das kleine amerikanische Unternehmen Fairchild abgestoßen hatte, wurden entsprechende Überlegungen ab 1996 realisiert. Ein Dornier-328-Prototyp wurde mit Turbofan-Triebwerken PW306/9 von Pratt&Whitney Canada ausgerüstet und absolvierte im Januar 1998 seinen Erstflug. Drei weitere Prototypen, allesamt Neubauten, waren ebenfalls für das Flugerprobungsprogramm vorgesehen, das nach den bisherigen Plänen im Frühjahr 1999 abgeschlossen sein sollte.

Mit Ausnahme der neuen Triebwerke und der daraus resultierenden Modifikationen in einigen Systemen sowie kleineren Veränderungen an den Tragflächen unterschied sich der 328JET nicht wesentlich von seinem auch weiterhin angebotenen Turboprop-Vorgänger. Die äußeren Abmessungen waren identisch, Kabine und Cockpit wurden im Prinzip unverändert übernommen.

Nachdem die neuen Eigner zunächst eine 45- bis 50-sitzige Weiterentwicklung des 328JET als 528JET angekündigt hatten, wurde es dann doch nur ein etwas kleinerer 428JET für maximal 44 Passgiere, der zusammen mit der weiter unten beschriebenen 728JET-Familie erstmals auf der ILA 1998 vorgestellt wurde. Er stellt im wesentlichen eine um 4,14 Meter gestreckte Version des Ausgangsmusters 328JET dar, wobei die Spannweite leicht auf 23,4 Meter vergrößert wurde. Als Triebwerk war das etwas leistungsstärkere PW308B vorgesehen, das maximale Abfluggewicht der Maschine sollte knapp unter 20 Tonnen liegen.

Fairchild 728JET-Familie
Von Grund auf neu

Schon am Namen wurde deutlich, daß es sich um eine völlig eigenständige Entwicklung des neuen Unternehmens handelt, denn erstmals sollte ein in Oberpfaffenhofen endmontiertes Flugzeug ohne den Namenszug „Dornier" auskommen.

Die 728JET-Familie war Fairchilds Antwort auf die immer wieder von Regionalairlines geäußerte Forderung nach einer „richtigen", das heißt von Grund auf neu entwickelten und vernünftig konzipierten Familie von Regionaljets. Der Wunsch, den Passagieren einen „seamless travel", also durchgehend gleichbleibenden Service und Komfort gleichermaßen auf Langstrecken- wie auf Zubringerflügen anzubieten, scheiterte bis dahin an der Tatsache, daß für die

Mit der 728JET-Familie entwickelte Fairchild ein neues Konzept für den Regionalluftverkehr.

kurzen Strecken nur Weiterentwicklungen älterer Turboprops (Embraer ERJ-135/145) beziehungsweise gestreckte Businessjets (Bombardier CRJ-100/200 bzw. -700) mit entsprechend beschränkten Kabineninnenmaßen oder aber – wie die Avro-Regionaljets – zwar geräumige, aber aufgrund ihrer vier Triebwerke unwirtschaftliche Muster zur Verfügung standen.
Das Fairchild-Konzept, erstmals auf der Internationalen Luft- und Raumfahrtausstellung 1998 in Berlin präsentiert, sah daher eine vollkommen neue Familie mit drei Mustern für den Transport von etwa 55 bis ca. 90 Passagieren vor. Beim Rumpfdurchmesser hatte man sich zweifellos die Avro-Jets zum Vorbild genommen. Die beiden Triebwerke des Typs CF34-8D von General Electric wurden anders als bei den Konkurrenzmustern aus Kanada und Brasilien unter den Tragflächen installiert, um einen Zugang zur Kabine auch über einen Eingang am Heck zu ermöglichen – eine für kurze Bodenstandzeiten unumgängliche Notwendigkeit.
In den Verhandlungen mit den potentiellen Erstkunden Crossair und Lufthansa CityLine ergaben sich eine ganze Reihe von Modifikationen, wozu unter anderem eine Verringerung des Rumpfquerschnitts auf 3,25 Meter und eine Erhöhung der Abfluggewichte beispielsweise auf knapp 35 Tonnen beim Ausgangsmodell 728JET gehörten. Für dieses ging Ende April 1999 die erste Bestellung ein, als Lufthansa CityLine 60 Maschinen fest bestellte und Optionen auf weitere 60 zeichnete. Erste Auslieferungen des 70-Sitzers waren für 2002 vorgesehen.

港龍航空
DRAGONAIR
TriStar
2000

Lockheed L-1011 TriStar
Lockheeds Abschied vom zivilen Markt

Ende der sechziger Jahre hatte American Airlines die Entwicklung der ersten Widebodies für den Mittelstreckeneinsatz angeregt. Nur einen Monat nach Douglas kündigte Lockheed im März 1968 den Bau eines Flugzeugs für bis zu 400 Passagiere in einer drei-vier-drei-Sitzplatzkonfiguration an. Diese Maschine, die L-1011 TriStar, sollte die letzte Entwicklung des Herstellers auf dem Markt der zivilen Passagierflugzeuge werden. Wie Konkurrent Douglas mit seiner Neuentwicklung DC-10 plante auch Lockheed, zunächst ein zweistrahliges Flugzeug auf den Markt zu bringen, entschloß sich dann aber, ein drittes Triebwerk am Heck anzubringen, um von den existierenden Runways aus Starts auch bei voller Nutzlast zu ermöglichen. Anfang 1969 begann der Bau des ersten Prototypen, der am 16. November 1970 zu seinem Erstflug startete. Einen schweren Rückschlag erlitten das Programm und Lockheed, als der Triebwerkhersteller Rolls-Royce wegen der hohen Entwicklungskosten für das RB211, dem Antrieb für das neue Flugzeug, in finanzielle Schwierigkeiten geriet, die zum Konkurs führten. Daraufhin wandten sich viele potentielle Kunden dem Konkurrenzmodell DC-10 zu. Erst durch staatliche Unterstützung sowohl für den Flugzeug- als auch den Triebwerkhersteller konnte die Produktion des Triebwerks und damit der L-1011 in der vorgesehenen Konfiguration sichergestellt werden. Im April 1972 wurden schließlich die ersten TriStars L-1011-1 von Erstkunde Eastern Airlines sowie von TWA in Dienst gestellt. Später folgten weitere Versionen wie die -100 mit einem höheren Abfluggewicht und größeren Tanks, 1977 die erste Langstreckenversion -200 mit einer Reichweite von bis zu 7500 Kilometern und die L1011-250, die wie die -200 mit stärkeren Triebwerksvarianten des RB211 ausgerüstet war. Im August 1976 erfolgte als Weiterentwicklung der -200 der Programmstart der Langstreckenversion L-1011-500. Mit einer Länge von gut 50 Metern verfügte sie über einen um 4,11 Meter kürzeren Rumpf und damit um 70 Sitzplätze weniger als die -200, zugleich jedoch über ein höheres Abfluggewicht, stärkere Triebwerke und eine größere Spannweite, was ihr eine Reichweite von mehr als 11200 Kilometer verlieh. Die im Unterflur-Deck angesiedelten Galleys, bislang ein Markenzeichen der Familie, wurden in das Hauptdeck verlegt. Die neue Variante startete am 16. Oktober 1978 zu ihrem Erstflug und wurde im Mai 1979 an British Airways ausgeliefert. Weitere Modifizierungen versahen die -500 mit einem automatischen Kontrollsystem für Schub und Bremsen sowie mit einer aktiven, also automatischen Steuerung der Ruder. Die Produktion der L-1011 wurde 1984 eingestellt, nachdem insgesamt 300 Exemplare, davon 50 der Serie -500, die sich gegen die DC-10 nicht mehr durchsetzen konnte, gebaut worden waren. Noch während dieses Buch entstand, waren weltweit noch über 150 TriStars im Einsatz. Die während ihrer langen Dienstjahre als zuverlässig geltende Maschine zeigte kaum technische Mängel.

Bei Delta Air Lines fliegt die TriStar heute fast ausschließlich auf Inlandsstrecken.

Douglas DC-8
Douglas' Einstieg bei den Jets

Zwar war die DC-8 eines der ersten Düsenverkehrsflugzeuge, die im Linienpassagierdienst eingesetzt wurden. Doch Douglas' vorsichtiger Einstieg in die Welt der Jets sollte ihrem stärksten Konkurrenten Boeing einen Vorsprung sichern, den der Hersteller aus Long Beach nie mehr aufholen konnte. Erstmals kündigte Douglas ihr Programm für einen vierstrahligen Jet für 132 bis 179 Passagiere und einem Drei-Mann-Cockpit im Juni 1955 an, ein Jahr nach dem Erstflug des Boeing-707-Vorgängers 367-80. Kurz bevor die erste Boeing 707 an die amerikanische Fluggesellschaft Pan Am ausgeliefert wurde, konnte der Prototyp der DC-8 am 30. Mai 1958 zu seinem Erstflug starten. Nach einem Flugerprobungsprogramm, an dem neun Prototypen beteiligt waren, erfolgte Ende August 1959 endlich die FAA-Zertifizierung für den neuen Jet, der im September in den Liniendienst gestellt wurde. Douglas bot zunächst vier Basismodelle an. Die DC-8-10 und -20, die sich durch die Triebwerksleistung unterschieden, waren für den inneramerikanischen Passagierverkehr ausgelegt, während die Serien -30 und -40, ebenfalls als Passagierversion, für den Interkontinentalverkehr bestimmt waren. Die DC-8-50 dagegen war unter der Bezeichnung -50CF als konvertible Passagier- und Frachtvariante sowie als -50AF als Nurfrachter erhältlich. Insgesamt 295 Exemplare dieser Versionen wurden bis in die späten sechziger Jahre gebaut, danach wurde ihre Produktion zugunsten verbesserter Varianten aufgegeben.

Im April 1965 nämlich kündigte Douglas die Entwicklung der Super-60-Serie mit gestrecktem Rumpf, größerer Kapazität und erhöhter Reichweite an. Die durch das Einfügen zweier Rumpfsegmente um weit über elf Meter auf eine Länge von 57,12 Metern gestreckte Super 61, deren Erstflug am 14. März 1966 stattfand, war auf transkontinentalen Verkehr mit einer Kapazität von bis zu 259 Passagiere ausgelegt. Außerdem wurde ihre Unterflur-Frachtkapazität um achtzig Prozent gesteigert. Mit diesen Dimension blieb die Super Sechzig bis zur Boeing 757-300 das längste Single-Aisle-Flugzeug. Ihr folgte mit Erstflug am 29. August des gleichen Jahres die im Vergleich zur -50 nur um gut zwei Meter verlängerte Langstreckenversion Super 62, die maximal 189 Fluggäste 9656 Kilometer weit transportieren konnte. Sie wies eine größere Spannweite sowie größere Tanks auf und war mit überarbeiteten Triebwerksverkleidungen versehen. Die ebenfalls voll gestreckte Super 63, die schließlich am 10. April 1967 zu ihrem Erstflug startete, kombinierte die Passagierkapazität und die Reichweite der beiden vorangegangenen Modelle, so daß sie mit 259 Passagieren samt Gepäck über 7200 Kilometer weit fliegen konnte. Als Frachtversion DC-8-63F/63CF (Convertible) konnte das Flugzeug eine Nutzlast von 53,5 Tonnen in 18 Standard-Frachtpaletten aufnehmen. Mit Auslieferung des letzten Exemplars im Mai 1972 wurde die Super 63 von allen Mustern der insgesamt 262 gebauten Maschinen der Serie -60 am längsten produziert.

Die Douglas DC-8 kam etwa ein Jahr später auf den Markt als der schärfste Konkurrent Boeing 707.

Thai

Continental Micronesia

Doch Anfang der achtziger Jahre leitete McDonnell Douglas mit der Super-Siebzig-Serie eine Renaissance ihrer DC-8-60-Modelle ein, die mit CFM56-Triebwerken von CFM International versehen wurden. Dank der moderneren und sparsameren Triebwerke konnte bei gleichbleibendem maximalen Abfluggewicht der Super Sechzig eine größere Reichweite erzielt werden, und selbst den im Laufe der achtziger Jahre verschärften Lärmbeschränkungen konnte sie noch eine Weile Stand halten.

Douglas DC-9
Auf Wachstum getrimmt

Die DC-9, die wie kein anderes Flugzeug Modifizierungen erfahren hatte, wurde Mitte der sechziger Jahre für den Einsatz auf relativ kurzen Pisten entwickelt. Als Kurz- und Mittelstreckenflugzeug sollte sie Märkte erobern, die bislang nur von Propellermaschinen bedient werden konnten. Äußerlich zeichnete sie sich durch ein T-Leitwerk sowie durch zwei am Heck angebrachte Triebwerke aus. In einer Reiseflughöhe von rund 30000 Fuß (9144 Meter) erreichte die DC-9 eine Geschwindigkeit von 800 Stundenkilometern. Die Entwicklung des Prototypen startete im Juli 1963, der Erstflug erfolgte am 25. Februar 1965, so daß die Maschine bereits im Winter desselben Jahres zertifiziert und an ihren Launching Customer Delta Air Lines ausgeliefert werden konnte. Von Anfang an wurde sie so konzipiert, daß sie auch als gestreckte Variante mit größerer Passagierkapazität aufgelegt werden konnte. McDonnell Douglas bot zunächst fünf Basisversionen an, die alle mit Varianten des JT8D-Antriebs von Pratt&Whitney ausgestattet waren. Das erste Modell, die DC-9-10, faßte bei einer Länge von knapp 32 Meter bis zu 90 Passagiere. Ihr folgte die -30, deren um gut sechs Meter gestreckter Rumpf schon 115 Sitze und einen vergrößerten Frachtraum sowie größere Tragflächen aufwies; sie wurde im Februar 1967 in Dienst gestellt. Als dritte Variante kam im März 1968 die Serie -40 auf den Markt, die, erneut gestreckt, Raum für weitere zehn Passagiere bot. Schon sieben Monate später erschien die DC-9-20, die mit extremen Kurzstart- und -landeeigenschaften versehen war. Sie vereinte den kürzeren Rumpf der -10 mit den Tragflächen der -30. Als Nachzügler wurde ab 1975 die gegenüber der -30 um noch einmal fünf Sitzreihen verlängerte -50 angeboten. Sie bot ein neues Kabinendesign, das das vorhandene Platzangebot besser nutzte und geräumiger wirkte. Durch eine neue Triebwerksverkleidung konnte der Lärmpegel des Flugzeugs gesenkt werden. Außerdem erhielt die Version verbesserte und mit einem Anti-Skid-System ausgerüstete Bremsen. Gemeinsam ist allen Modellen das für zwei Piloten konzipierte Cockpit, eine eingebaute Bordtreppe sowie die zwei-und-drei-Bestuhlung. In den achtzehn Jahren ihrer Produktion – die letzte Maschine wurde im Oktober 1982 ausgeliefert – wurden 976 DC-9 der verschiedenen Versionen gebaut.

Der Prototyp der DC-9, die für den Einsatz auf Kurz- und Mittelstrecken entworfen wurde.

McDonnell Douglas produzierte die DC-10 bis 1989, dann wurde sie von der MD-11 abgelöst.

McDonnell Douglas DC-10
Erster Douglas-Widebody

Als eines der ersten Widebody-Flugzeuge wurde die Douglas DC-10 für den Mittel- bis Langstreckeneinsatz auf Anregung von American Airlines entwickelt. Fast zeitgleich wie die Lockheed TriStar wurde das neue Flugzeugprogramm im Februar 1968 ins Leben gerufen. Anfänglich noch als Twinjet angedacht, erhielt die DC-10, die auf bis zu 380 Passagiere ausgelegt war, auf Wunsch von Launching Customer American Airlines sehr bald ein drittes, an der Wurzel des Höhenleitwerks plaziertes Triebwerk. Der Bau des Prototypen begann im Januar 1969, der Erstflug erfolgte Ende August 1970. Fast genau ein Jahr später konnte McDonnell Douglas mit der Auslieferung der ersten Maschinen der Version DC-10-10 an American und United Airlines beginnen. Die Neuentwicklung war bei einer Reichweite von knapp 6500 Kilometern auf inneramerikanische Strecen ausgelegt und wurde von CF-6-Triebwerken von General Electric mit je 178 kN Schub angetrieben. 1972 folgte die DC-10-40 für interkontinentale Strecken, deren Antrieb aus drei JT9D von Pratt&Whitney bestand und für eine Reichweite von weit über 9000 Kilometern sorgte. Im gleichen Jahr brachte McDonnell Douglas für europäische Kunden die Serie -30 auf den Markt. Abgesehen von stärkeren Triebwerken, zusätzlichen Tanks und einem um einen dritten Satz Räder verstärkten Hauptfahrwerk unterschied sich diese Version aber kaum vom Basismodell DC-10-10. Ab 1973 bot McDonnell Douglas die Flugzeuge auch als Frachter oder konvertierbare Frachtversionen an. Ende der siebziger Jahre, nachdem eine Absturzserie den Erfolg des dreistrahligen Jets vorübergehend unterbrochen hatte, wurde das Programm durch eine neue Variante ergänzt. Mit der Serie -15 schuf McDonnell Douglas eine äußerst leistungsstarke Maschine, die auch von hoch und heiß gelegenen Plätzen aus vollbeladen eingesetzt werden konnte. 1984 orderte der Expreßdienst Federal Express einen Nurfrachter auf Basis der DC-10-30, die als -30F im Januar 1986 erstmals ausgeliefert wurde und eine Nutzlast von über 79 Tonnen aufnehmen konnte. Darüber hinaus verfügte sie über ein entsprechend modifiziertes Cockpit, so daß sie, anstatt wie bislang von drei, nur mehr von zwei Piloten geflogen werden konnte. Die Produktion der DC-10 wurde im Jahr 1989 zugunsten der MD-11 eingestellt, nachdem insgesamt 386 zivile Versionen gebaut worden waren.

Finnair war einer der wenigen nicht-amerikanischen Kunden für die McDonnell Douglas MD-11.

MD-11 Erfolgloser Nachfolger

Als Nachfolgemuster für die bis dahin bereits seit 16 Jahren im Einsatz befindliche DC-10 stellte McDonnell Douglas 1986 ihren Entwurf für die ebenfalls dreistrahlige MD-11 vor. Als Erstkunde trat British Caledonian auf, die neun Maschinen des neuen Typs orderte. Dem Startschuß für das neue Programm war eine zweijährige Studie zu den Anforderungen an ein Flugzeug, das die DC-10 ablösen könnte, vorangegangen. Mit ihrem gegenüber der DC-10-30 um 5,71 Meter gestreckten Rumpf konnte die MD-11 bis zu 405 Passagiere in einer Einklassen-Konfiguration aufnehmen. Außerdem erhielt sie Winglets, ihr Seitenleitwerk wurde mit zusätzlichen Tanks versehen und die Spannweite der Höhenflosse verringert. Die Konzeption des Zwei-Mann-Cockpits schloß ein EFIS mit sechs Bildschirmen ein, während auf Fly-by-Wire-Technik verzichtet wurde. Selbstverständlich wurde auch die Kabinengestaltung überarbeitet. Als Antrieb bot McDonnell Douglas optional zwei Triebwerke an – das PW4460 von Pratt&Whitney oder das CF6-80C2D1F von General Electric mit 266,9 kN bzw. 273,6 kN. Am 10. Januar 1990 startete der Prototyp zu seinem Erstflug, im November desselben Jahres erfolgten die Zulassung und die Erstauslieferung an die Finnair. Naturgemäß folgten schon bald verschiedene Varianten wie Anfang 1996 die MD-11ER (Extended Range), deren Reichweite durch Zusatztanks auf über 13300 Kilometer gesteigert werden konnte; zugleich war auch das maximale Abflugewicht erhöht worden. Außerdem entstanden Nurfracht- und Kombiversionen, deren maximales Abfluggewicht sich zwar nicht von dem der reinen Passagiervarianten unterschied, deren Leergewicht aber um bis zu 18 Tonnen geringer war. Das große Manko der MD-11 war jedoch, daß einerseits ihr Treibstoffverbrauch um 2,5 Prozent über den angegebenen Werten blieb und sie andererseits die an sie gestellten Leistungsanforderungen nicht erfüllen konnte. Mit unter 200 Festbestellungen blieben denn auch die Verkäufe der MD-11 weit hinter den Erwartungen des Herstellers zurück, obgleich sie vor ihren beiden Konkurrenten Boeing 777 und Airbus A340 auf den Markt kam. Zumindest konnte die sie als Frachter einige Erfolge vorweisen, wie die jüngsten Bestellungen von Lufthansa Cargo bewiesen. Nicht umsonst beschloß Boeing nach der Übernahme von McDonnell Douglas, zunächst die Produktion der Passagierversion der MD-11 und ab dem Jahr 2000 auch die der Frachtvariante einzustellen. Entsprechende Weiterentwicklungen der MD-11 wie die einer zeitweise diskutierten gestreckten MD-12 oder einer MD-XX mit neuen Flügeln wurden nicht mehr realisiert.

MD-80
Der Kassenschlager

Als gestreckte und verbesserte Variante der DC-9 begann McDonnell Douglas Mitte der siebziger Jahre mit der MD-80-Serie. Ursprünglich wollte der Hersteller eine DC-9-50 nur um 3,8 Meter strecken und mit den stärkeren, aber leiseren und sparsameren JT8D-209-Triebwerken umrüsten, doch dann erhielt die Maschine auch größere Tragflächen. Ausgelegt auf 142 bis 173 Passagiere, startete sie im Oktober 1979 zu ihrem um ein Vierteljahr verspäteten Erstflug. Die erste Version der Weiterentwicklung, damals noch DC-9 Super 80 genannt, konnte schließlich im September des folgenden Jahres an den Erstkunden Swissair ausgeliefert werden. 1983 wurde das Muster, dem noch eine ganze Reihe von verbesserten Versionen folgte, umbenannt. Dem Grundmuster MD-81 folgte eine -82 mit leistungsstärkerem Antrieb. Zusatztanks verliehen der -83 eine vergrößerte Reichweite, während die -88, deren Erstflug 1987 erfolgte, ein neues Interieur sowie ein EFIS-Cockpit erhielt. Als verkürzte Version hatte McDonnell Douglas schon 1985 die MD-87 ins Leben gerufen, nachdem Finnair und Austrian Airlines ihr Interesse an einer solchen Version bekundet hatten. Mit einer Länge von knapp vierzig Metern und maximal 139 Sitzen sollte sie alte DC-9-30 ersetzen. Sie war das erste Flugzeug der MD-80-Familie, dessen Cockpit standardmäßig sowohl mit EFIS als auch einem Headup-Guidance-System ausgerüstet wurde. Optional war sie mit zusätzlichen Frachtabteilen am Bug oder Heck, mit Zusatztanks oder mit Varianten des standardmäßigen JT8D-217-Antriebs erhältlich. Nach dem Erstflug am 4. Dezember 1986 folgte die Zertifizierung im Oktober 1987. Im Gegensatz zu den anderen Modellen der MD-80-Familie verkaufte sich die -87 mit rund 150 Exemplaren relativ schlecht. Zwar waren auch bei jenen die Verkäufe nur schleppend angelaufen, doch ein Großauftrag durch American Airlines Mitte der achziger Jahre hatte den Bann gebrochen. Denn das MD-80-Programm entwickelte sich zum Kassenschlager der McDonnell-Douglas-Flugzeuge; bis Mitte der neunziger Jahre waren über 1400 Maschinen produziert und ausgeliefert worden, einige davon sogar als Lizenzbauten in China.

MD-90
Chinesische Lizenz

Als Abkömmling der erfolgreichen MD-80 konnte die MD-90 gelten. Die wichtigste Neuerung im Programm, das 1988 gestartet wurde, lag in den völlig neuen Triebwerken, den IAE V2500, die einen Schub von 111 bis 124 kN lieferten. Außerdem wurde das Cockpit mit einem Glascockpit versehen und die alte MD-80-Zelle vor den Tragflächen um 1,40 Meter gestreckt, was aus ihr in der Basisversion MD-90-30 einen 150-Sitzer machte. Die Verlängerung des

China Southern setzte auch im eigenen Land in Lizenz produzierte McDonnell Douglas MD-82 ein.

Nachdem Boeing McDonnell Douglas übernommen hatte, wurde das MD-90-Programm eingestellt.

Rumpfes vor den Flügeln war notwendig geworden, um das größere Gewicht der neuen Triebwerke am Heck zu kompensieren. Nach dem Erstflug im Februar 1993 folgte bis zur Zulassung im November 1994 ein langes Flugerprobungsprogramm. Erstkunde und zugleich Launching Customer war Delta Air Lines, die über dreißig Maschinen geordert hatte. Auch diese Version sollte überarbeitet werden und als -50 mit verlängerter Reichweite auch über ein höheres Abfluggewicht sowie Zusatztanks zu verfügen, oder als -55 mit dichterer Bestuhlung für bis zu 187 Passagiere zwei zusätzliche Notausgänge in der vorderen Rumpfhälfte zu erhalten. Jedoch kamen diese Varianten nicht über das Planungsstadium hinaus. Im Gegenteil, nach der Übernahme von McDonnell Douglas durch Boeing im Jahr 1997 wurde das gesamte Programm eingestellt, da es das Konkurrenzmodell zur Boeing 737 darstellte. Ab 1994 wurden einige Exemplare des Basismodells MD-90-30 als -30T (Trunkliner; für den Einsatz auf aufkommensstarken Strecken) in Lizenz im chinesischen Shanghai gebaut.

Raytheon Beech 1900C/D Rückkehr in den Regionalmarkt

Nachdem Beechcraft seit der Beech 99 kein Regionalflugzeug mehr entwickelt hatte, startete sie im Jahr 1979 das Programm der Beech 1900, die wie das Vorgängermodell auf den Serien Queen Air und King Air basierte. Schon die 99, deren Entwicklung 1960 begonnen wurde, verfügte über denselben Standardantrieb, das PT6 von Pratt&Whitney, und über ein ähnliches Kabinendesign, die auch schon der King Air zum Erfolg verholfen hatten. Ihr gestreckter Rumpf bot allerdings Platz für eine Zwei-Mann-Crew und 15 Passagiere. Der Erstflug des Prototypen fand im Juli 1966 statt, und Beech konnte im Mai 1968 mit der Auslieferung des neuen Modells beginnen. Nachdem Mitte der siebziger Jahre das Interesse an der Beech 99 abflaute, stellte Beech die Produktion des Musters nach 184 gebauten Exemplaren 1977 ein. Erst zwei Jahre später beschloß der amerikanische Hersteller, mit einer neu aufgelegten 99 sowie seiner Weiterentwicklung 1900 wieder in den Regionalflugzeugmarkt einzusteigen. Die C99 Commuter wurde ab Juli 1981 mit dem PT6A-36 als Standard-

Eine Beech 1900C der Air Namibia auf dem Stadtflughafen Eros in Windhuk.

antrieb angeboten, bis die Produktion 1986 eingestellt wurde. Gleichzeitig mit dem Startschuß für die C99 hatte Beech ein Programm für ein größeres Modell mit Druckkabine, die 1900C, angekündigt. Sie sollte bis zu 19 Passagiere befördern, weshalb die Kabine der alten King Air 200 um über vier Meter gestreckt wurde. Außerdem erhielt sie mit dem PT6A-65B stärkere Triebwerke, ein modifiziertes Heck mit „Winglets"an der Höhenflosse sowie Stabilisatoren am unteren Rumpfende. Der Prototyp flog erstmals am 3. September 1982, die FAA-Zertifizierung erfolgte im November 1983, und die Maschine konnte im Februar des darauffolgenden Jahres an den Erstkunden übergeben werden. Der Produktion der 1900C wurde 1991 eingestellt, als Beech die Folgeversion 1900D auf den Markt brachte. Mit ihr konnte ein Regionalflugzeug angeboten werden, dessen Kabine Stehhöhe aufwies. Außerdem war sie mit größeren Fracht- und Passagiertüren ausgestattet worden sowie mit einem verschiebbaren Frachtschott, so daß Passagier- und Frachtkapazität je nach Bedarf variiert werden konnten. Nach ihrer Zulassung im März 1991 wurde sie in großer Stückzahl u.a. an den Erstkunden Mesa Airlines, einem Regionalpartner von United Airlines, ausgeliefert, die der größte Betreiber der Beech 1900D werden sollte.

Rest der Welt

Wenngleich es auch in asiatischen Ländern, in Südamerika, Australien oder Südafrika immer wieder vereinzelte Luftfahrtprogramme gegeben hat – vorrangig im militärischen Bereich –, so sind doch die wesentlichen Verkehrsflugzeuge fast ausschließlich in Nordamerika, Westeuropa sowie der ehemaligen Sowjetunion entstanden. Nachdem sich die beiden vorangegangenen Abschnitte des Buches mit den erstgenannten Regionen beschäftigt haben, wird in diesem dritten und abschließenden Teil vorrangig die Entwicklung in der Sowjetunion behandelt.
Zwar hatte es in den ersten beiden Jahrzehnten dieses Jahrhunderts auch in Rußland schon Versuche gegeben, eine eigene Luftfahrtindustrie zu entwickeln, zumal die riesigen Ausmaße des Landes naturgemäß dazu einluden, Entfernungen auf dem Luftweg zu überbrücken. Doch die Oktoberrevolution 1917 und der sich anschließende Bürgerkrieg führten dazu, daß die neuentstandene Sowjetunion zunächst einmal andere Prioritäten setzte und als Folge davon der allgemeinen Entwicklung im Flugzeugbau etwas hinterherhinkte. Erst kurz vor Beginn des Zweiten Weltkriegs fand das Land aus Luftfahrtsicht langsam wieder Anschluß an den Rest der Welt.
Zu den frühesten Luftfahrtpionieren Osteuropas gehört zweifellos der in Kiew geborene Igor Sikorsky, der sich nach seiner Emigration in die USA als Folge eben jener Oktoberrevolution vor allem als Konstrukteur von Hubschraubern einen Namen gemacht hat.
Bereits 1913 verblüffte er die Luftfahrtwelt mit der „Bolschoi", einem für damalige Verhältnisse wahrhaft riesigen Flugzeug für acht Passagiere, die in einer geschlossenen Kabine (!) untergebracht waren. Noch spektakulärer sollte die Ilja Muromez sein, die ebenfalls noch 1913 flog und wenig später mit 16 Personen an Bord einen neuen Höhenrekord von 2000 Metern aufstellte. Etwa 80 zum Teil sehr unterschiedliche Exemplare dieses Typs wurden während des Ersten Weltkriegs als Bomber und in den ersten Jahren danach auch für den Personenverkehr eingesetzt.
Damals flogen vorrangig Junkers-, Dornier- und Fokker-Flugzeuge für das deutsch-russische Gemeinschaftsunternehmen Deruluft oder den Aeroflot-Vorgänger Dobrolet. Doch es gab auch bereits einige Eigenentwicklungen, wozu die von Konstantin Kalinin ab 1925 in Charkow entwickelten und produzierten Modelle K-1 bis K-5 zählen. Die Maschinen, allesamt Hochdecker, boten zwischen vier und zehn Personen Platz und wurden sowohl mit einheimischen Motoren als auch mit Lizenzbauten westlicher Antriebe ausgerüstet. Die K-5, das wohl erfolgreichste unter den Kalinin-Verkehrsflugzeugen und vereinzelt noch bis 1940 im Einsatz, wurde in etwa 260 Exemplaren gefertigt und löste vor allem in der Ukraine die bis dahin verwendeten deutschen Muster ab.

Die Stunde der „Wahrheit"

Der berühmte Andrej Tupolew, der mit gutem Gewissen als wichtigster sowjetischer Konstrukteur von Zivilflugzeugen in der Zeit vor dem Zweiten Weltkrieg bezeichnet werden kann, war bereits an der ersten UdSSR-Eigenent-

Eine Tupolew ANT-3 im Jahr 1926 auf dem Königsberger Flughafen.

Während eines Europafluges war die Tupolew ANT-9 am 9. Juli 1929 zu Gast in Berlin-Tempelhof.

wicklung, der letztlich schon bei ihrer Fertigstellung veralteten KOMTA, beteiligt. Diese Maschine war ab 1919 im Zentralen Aero- und Hydrodynamischen Institut (ZAGI) entworfen worden, dem neben Tupolew mit Shukowski noch ein weiterer bekannter sowjetischer Konstrukteur angehörte. Die KOMTA, ein zweimotoriger Dreidecker mit geschlossenem Rumpf und Cockpit wurde 1922 im Flug erprobt, ohne daß es je zu einer Serienfertigung kam.

Seine eigenen Konstruktionen – Tupolew hatte sich in den zwanziger Jahren mit einigen Mitarbeitern „selbständig" gemacht – trugen anfänglich die Kürzel ANT, wobei er bereits bei seinem zweiten Entwurf, dem kleinen Verkehrsflugzeug ANT-2, auf die Ganzmetallbauweise setzte. Der einmotorige Hochdecker war zwar kein Erfolg, doch schon mit der ANT-6, die zwar vorrangig als Bomber, aber darüber hinaus auch als Transportflugzeug bei Aeroflot eingesetzt war, wurden über 800 Exemplare gebaut. Von vorn herein als ziviles Verkehrsflugzeug war dagegen die ANT-9 konzipiert, die zunächst mit drei, später dann mit nur mehr zwei Motoren und der geänderten Bezeichnung PS-9 ab 1929 auf Inlands- und Auslandsstrecken zum Einsatz kam.

Eine Weiterentwicklung stellte die riesige ANT-14 „Prawda" (Wahrheit) dar, die – der Name läßt es vermuten –

Die riesige Tupolew ANT-20 „Maxim Gorki" aus dem Jahr 1934 bot maximal 72 Passagieren Platz.

vorrangig zu Propagandazwecken genutzt wurde. Die Maschine mit einer Spannweite von gut 40 Metern konnte aber auch bis zu 36 Passagiere befördern. Allerdings wurde 1931 nur ein einzelnes Exemplar gebaut, denn zum einen hatten militärische Projekte Vorrang, zum anderen war wohl auch die Infrastruktur des Landes auf ein solches fünfmotoriges Flugzeug gar nicht vorbereitet.

Dererlei Bedenken hielten das Tupolew-Konstruktionsbüro allerdings nicht davon ab, mit der „Maxim Gorki", wie die ANT-20 auch genannt wurde, ein noch größeres Flugzeug zu entwerfen. Acht Triebwerke, von denen zwei hintereinander auf der Rumpfoberseite sowie sechs in den Tragflächen installiert waren, trieben den mehr als 40 Tonnen schweren Koloß an. Nicht nur, daß in dem Flugzeug 72 Passagiere Platz fanden, es enthielt nebenbei auch noch eine Druckerei, ein Fotolabor und ein Kino (!). Die Maschine mit einer Spannweite von 63 Metern wurde 1934 erstmals geflogen, stürzte allerdings 1938 nach dem Zusammenstoß mit einem Jagdflugzeug ab.

Die als Nachfolgemodell entwickelte ANT-20bis kam dank stärkerer Antriebe mit nur sechs Motoren aus und flog für einige Zeit auf sowjetischen Inlandsstrecken.

Viele der in dieser Zeit entwickelten Flugzeuge bzw. deren Konstrukteure oder Entwicklungsteams wurden außerhalb der Sowjetunion nicht oder kaum bekannt. So entwickelte beispielsweise das Konstruktionsbüro Putilow in den dreißiger Jahren unter den Bezeichnungen Stahl-2 und Stahl-3 zwei Flugzeuge aus nichtrostendem Stahl, die in geringem Umfang von Aeroflot eingesetzt wurden und insgesamt auf eine Zahl von knapp 200 Exemplaren kamen.

Am Charkower Luftfahrtinstitut war 1932 ein Schnellverkehrsflugzeug, vergleichbar vielleicht der deutschen Heinkel He 70 „Blitz", mit der Bezeichnung ChAl-1 entstanden, das über ein Einziehfahrwerk verfügte und mehr als 300 Kilometer in der Stunde zurücklegen konnte. 43 Exemplare wurden gebaut.

DC-3-Lizenzbau

1935 erhielt wiederum das Tupolew-Konstruktionsbüro den Auftrag, eine 20-sitzige Maschine mit einer Geschwindigkeit von etwa 300 Stundenkilometern als Ablösung für die ANT-9 zu schaffen. Von der daraufhin entwickelte ANT-35, die auf dem Bomber SB basierte, jedoch einen fast kreisrunden Rumpf aufwies, wurden neben dem Prototypen neun Serienexemplare für Aeroflot gebaut, doch da die Maschine im Prinzip zu klein war, entschloß man sich statt dessen zur Lizenzfertigung der Douglas DC-3 unter der Bezeichnung Li-2. Wobei Li für den Ingenieur Lisunow stand, der für die Lizenzfertigung verantwortlich zeichnete. Gegen Jahresende 1939 wurde im Flugzeugwerk Nummer 84 – daher zunächst die offizielle Bezeichnung PS-84 – die Produktion aufgenommen, und Maschinen dieses Typs bildeten bis zum Erscheinen der moderneren IL-12 und IL-14 nach dem Krieg das Rückgrat der Aeroflot-Flotte.

Bereits während des Krieges hatte sich ein Team unter Führung von Sergej Iljuschin mit der Entwicklung eines Nachfolgemusters befaßt, und die daraus entstandene – und der Li-2 nach wie vor sehr ähnliche – IL-12 startete am 7. Januar 1946 zu ihrem Erstflug. Insgesamt mehr als 3000 Maschinen dieses Typs wurden gebaut und auch nach Polen und in die Tschechoslowakei exportiert. Ursprünglich war das Flugzeug mit einer Spannweite von fast 32 Metern, das anders als sein direkter Vorläufer über ein Dreibeinfahrwerk verfügte, für 27 Passagiere und vier Besatzungsmitglieder ausgelegt, aber manche Versionen transportierten auch 32 Fluggäste. Die Forderung nach einem schnelleren Flugzeug mit höherer Nutzlast führten zur Weiterentwicklung IL-14 und später zur IL-14M, die sich äußerlich im wesentlichen durch neue Tragflächen, eine modifizierte Triebwerksverkleidung und ein komplett neues Leitwerk unterschieden. Die IL-14 wurde im übrigen auch in der CSSR und in der DDR in Lizenz gebaut.

Einen großen Schritt nach vorne bedeutete die IL-18, die, angetrieben von vier Turboprops, im Juli 1957 zum ersten Mal flog. Dank ihrer Reichweite von nahezu 4500 Kilometern bzw. sogar 6500 Kilometern bei der IL-18D und ihrer Zuverlässigkeit bei Einsätzen auch im kalten Klima Sibiriens wurde die 100-sitzige Maschine, von der etwa 700 Exemplare entstanden, ein großer Erfolg.

Das Konstruktionsbüro um Alexander Sergejewitsch Jakowlew, vor allem für seine Jagdflugzeuge bekannt, hatte bereits 1931 mit der Ja-6 (oder auch AIR-6) ein kleines dreisitziges Verkehrsflugzeug entwickelt, das auf regionalen Aeroflot-Strecken zum Einsatz kam. Nach dem Krieg entstand dort die Jak-16, ein zweimotoriges Verkehrsflugzeug für zehn Passagiere, das aber schon zum Zeitpunkt der Indienststellung zu klein war und deshalb nur in wenigen Exemplaren gefertigt wurde.

Nachkriegsmuster

Nach dem Krieg entwarf Oleg Konstantinowitsch Antonow, der bis dato für Jakowlew gearbeitet hatte, in Kiew die

Eine Antonow An-2 noch mit dem anfänglich sichelförmigen Propeller.

nahezu unverwüstliche AN-2, die auch heute noch in vielen Ländern im Einsatz ist.
1954 begann Antonow mit der Entwicklung eines viermotorigen Schulterdeckers, der auch von unbefestigten Pisten aus eingesetzt werden konnte. Die AN-10, wie die offizielle Bezeichnung der zunächst „Ukraina" genannten Maschine lautete, vermochte in der Passagierversion 85 Fluggäste 1200 Kilometer weit zu transportieren und nahm im Juli 1959 den Liniendienst auf. Da sich der Entwurf als Erfolg erwies, dauerte es nicht lange, bis die um zwei Meter verlängerte AN-10A für 100 Passagiere folgte. Beide Maschinen wurden aufgrund ihrer im Verhältnis zur Iljuschin 18 geringen Reichweite vorrangig auf Inlandsrouten eingesetzt.
Das Konstruktionsbüro Berijew, bis heute eher für ausgefallene Wasserflugzeugentwürfe bekannt, entwickelte gegen Ende der sechziger Jahre die 14-sitzige Be-30, die von zwei Propellerturbinen angetrieben wurde. Zu einer umfangreichen Serienfertigung kam es allerdings nicht, weil Aeroflot die in der CSSR entwickelte Let-410 vorzog. In den neunziger Jahren wurde eine der ursprünglichen Maschinen modifiziert und zur Be-32 umgerüstet, die in der letzten Version mit in Lizenz gefertigten Pratt&Whitney Canada Propellerturbinen des bewährten Typs PT6 ausgestattet wurden.

Das erste Düsenverkehrsflugzeug

Nach dem Krieg versuchte sich Tupolew zunächst an einem viermotorigen Verkehrsflugzeug mit der Bezeichnung TU-70, das aus dem Bomber TU-4 abgeleitet war, welcher wiederum eine – eher schlechte – Kopie der amerikanischen Boeing B-29 „Superfortress" darstellte.
Fast unbemerkt von der westlichen Welt erfolgte dann am 17. Juni 1955 in der Sowjetunion der Erstflug eines Düsenverkehrsflugzeuges unter der Bezeichnung TU-104, das im Prinzip nichts weiter war als die Zivilversion des Bombers TU-16 mit Druckkabine. Im September 1956 nahm die Maschine, deren zwei Triebwerke ähnlich wie bei der Comet in den Flügelwurzeln untergebracht waren, den Li-

Die aus dem Bomber TU-16 abgeleitete TU-104 war das erste sowjetische Düsenverkehrsflugzeug.

niendienst auf – anfänglich konnten 50 Passagiere transportiert werden, spätere Versionen boten sogar bis zu 115 Fluggästen Platz. Etwa 200 Maschinen wurden gebaut und von Aeroflot und der tschechischen CSA eingesetzt.
1960 folgte die kleinere TU-124, die nur etwa halb so schwer war wie die TU-104 – folgerichtig wurden auch nur halb so viele gebaut –, aber als weltweit erstes Kurzstreckenflugzeug über Turbofantriebwerke verfügte.
Nachdem sich das Prinzip, aus einem Bomber ein Verkehrsflugzeug zu entwickeln, bei der TU-16/TU-104 bewährt hatte, probierte man es mit dem Langstreckenbomber TU-95 gleich noch einmal. Auf diese Weise entstand die TU-114 mit vier Turboprop-Triebwerken und einem gegenüber dem Bomber vergrößerten Rumpfdurchmesser von etwa vier Metern, in deren Kabine bei enger Bestuhlung 220 Personen Platz fanden. Die Maschine mit einer Länge von 54 Metern und einer Spannweite von 51 Metern war lange Zeit das größte Passagierflugzeug der Welt – und bis zum Erscheinen der IL-62 das Langstreckenflugzeug der Sowjetunion und der Aeroflot schlechthin.
Wenn von Flugzeugen aus sowjetischer Produktion die Rede ist, darf natürlich auch die überschallschnelle Tupolew TU-144 nicht vergessen werden. Wenngleich die Maschine als erstes Überschall-Verkehrsflugzeug überhaupt am 31. Dezember 1968 – und damit ein Vierteljahr vor der Concorde – ihren Erstflug absolvierte, wurde sie nur kurzzeitig zwischen 1977 und 1978 im Liniendienst eingesetzt. Zwar ähnelte die TU-144 der Concorde nicht zuletzt durch die gleichfalls absenkbare Nase auf den ersten Blick sehr und wurde deshalb oftmals als „Konkordski" verspottet, doch unterschieden sich Flügelform und vor allem Triebwerksanordnung der beiden Modelle deutlich.

Regionalflugzeuge aus aller Welt

Die außerhalb der bislang behandelten Regionen entwickelten Flugzeuge waren größtenteils – soweit es sich nicht ohnehin um militärische Projekte handelte – Maschinen für den Regionalverkehr und dabei vorrangig auf die jeweiligen nationalen Bedürfnisse abgestimmt. Mitunter dienten sie sogar, wie bei der bis zu 17-sitzigen australischen GAF Nomad, hauptsächlich als „Beschäftigungstherapie" für Unternehmen, die nach dem Auslaufen von Lizenzproduktionen oder Militäraufträgen arbeitslos geworden waren.
In Polen, das schon kurz nach Wiedererlangten seiner Souveränität im Anschluß an den Ersten Weltkrieg eine eigene Luftfahrtindustrie unterhalten hatte, entstand Mitte der dreißiger Jahre die PZL 44, die äußerlich wie viele Entwürfe dieser Zeit an die DC-3 erinnerte, allerdings ein doppeltes Leitwerk aufwies. Sie war für den Transport von ca.

15 Passagieren ausgelegt, aber der Kriegsbeginn 1939 verhinderte, daß es zu einer Serienfertigung kam.
1959 erfolgte der Erstflug der MD-12, ebenfalls von PZL in Mielec entwickelt. Die viermotorige Maschine vor allem für Kurzstrecken konnte etwa 20 Fluggäste befördern, doch auch sie kam nie über das Prototypenstadium heraus. Nachdem in Xian bereits die sowjetische Antonow AN-24 als Y-7 in Lizenz produziert worden war, entstand 1975 als einer der wenigen eigenständigen chinesischen Entwürfe zunächst das Regionalflugzeug Harbin Y-11, das von zwei Kolbenmotoren angetrieben wurde und als Nachfolgerin der AN-2 neun Passagiere befördern konnte. Mitte der achtziger Jahre folgte die vergrößerte Y-12 mit zwei PT6-Propellerturbinen, in deren Kabine maximal 17 Fluggäste untergebracht werden konnten.

Die japanischen Industrieriesen, in letzter Zeit verstärkt als Risikopartner vor allem amerikanischer Flugzeugprogramme aktiv, hatten sich gegen Ende der fünziger Jahre auf Betreiben des nationalen Industrieministeriums in der Nihon Aircraft Manufacturing Co. (NAMC) zusammengeschlossen und das Fracht- und Passagierflugzeug YS-11 konzipiert. Die Maschine mutete äußerlich wie eine verlängerte Version der etwa zur gleichen Zeit entstandenen HS.748 an, mit der sie auch die Rolls-Royce-Dart-Turboproptriebwerke teilte. Etwa 60 Passagiere fanden in diesen Maschinen, von denen auch Anfang 1999 noch einige im Liniendienst standen, Platz.

In Japan entstand in den fünfziger Jahren die zweimotorige YS-11 mit Rolls-Royce-Dart-Antrieb.

Antonow AN-2
Unverwüstlicher Veteran

Daß es – zumindest nach dem Zweiten Weltkrieg – ein vergleichbares Flugzeug gegeben hat, darf getrost bezweifelt werden. Unzählig sind die Rollen, in denen die AN-2 eingesetzt wurde, und seit ihrem Erstflug am 31. August 1947 wurden weit über 18000 Exemplare in der Ukraine, Polen und China gebaut, von denen auch heute noch viele ihren Dienst versehen. Umso erstaunlicher ist diese Tatsache, wenn man bedenkt, daß Doppeldecker zumindest in dieser Größenordnung, noch dazu mit Spornradfahrwerk, eigentlich schon zu Kriegsbeginn 1939 als hoffnungslos veraltet galten. Doch in der Sowjetunion galten andere Regeln, und wenn man Kurzstarteigenschaften auch durch eine Vergrößerung der Fläche und nicht über komplizierte technische Spielereien erzielen konnte, baute man eben eine Doppeldecker.

Ein kräftiger Neunzylinder-Sternmotor von 1000 PS sorgte dafür, daß die AN-2 (liebevoll „Anna" oder „Anuschka" genannt) die ihr zugedachten Aufgaben – vom Passagiertransport über landwirtschaftliche Sprüh- und Feuerlöscheinsätze bis hin zu Frachtflügen – klaglos erfüllte. Angesichts dieser Vielfalt an Verwendungsmöglichkeiten verwundert es kaum, daß die AN-2 nicht nur auf ihr robustes Fahrwerk, sondern ebenso auf Schwimmer oder Kufen gestellt wurde.

Die AN-2 wurde größtenteils aus Leichtmetall gefertigt, nur die Flügel waren hinter dem Vorderholm mit Stoff bespannt, ebenso die Höhenflosse und alle Ruder.

Wurde die „Anna" für Passagierflüge genutzt, fanden in der großen Kabine zwölf Personen Platz, wobei jeweils drei Sitze in einer Reihe angeordnet waren. Aeroflot setzte die AN-2 auf vielen ihrer regionalen Routen ein, und noch Anfang der neunziger Jahre sollen weit über 2000 Exemplare für die – damals noch – sowjetische Fluggesellschaft geflogen sein. Nachdem etwa ab 1960 die Produktion in Kiew langsam auslief, wurde die Fertigung an PZL in Polen übertragen. Eine Turboprop-getriebene Variante unter der Bezeichnung AN-3 wurde ebenfalls entwickelt, aber über eine Serienfertigung wurde nichts bekannt.

Antonow AN-24
Auf Regionalstrecken zu Hause

Was die Fokker F27 „Friendship" im Westen war, war die AN-24 für die meisten Länder des kommunistischen Macht- und Einflußbereichs: ein universell einsetzbares, zuverlässiges und unverwüstliches Turbopropflugzeug für maximal 50 Passagiere. Entworfen, um ab Anfang der sechziger Jahre die noch immer zahlreich im Einsatz stehenden Li-2, IL-14 und IL-18 abzulösen, erfolgte der Erstflug Ende 1959, und ab 1962 nahm Aeroflot mit der zunächst 32-sitzigen, später auch 44 und bis zu 50 Plätze bietenden AN-24 Passagier-Liniendienste auf.

Die AN-24 war sicher nicht so spektakulär wie die etwa zur gleichen Zeit auftauchenden Jets oder die riesige, viermotorige TU-114, aber die über 1000 gebauten Exemplare der von zwei jeweils 2100 PS leistenden Iwtschenko-Propeller-

Mehr als 18000 Exemplare des einmotorigen Doppeldeckers An-2 wurden seit 1947 produziert.

turbinen angetriebenen Maschine verrichteten über 30 Jahre lang zuverlässig ihren Dienst als Arbeitspferd auf kurzen Strecken. Dazu trug sicherlich bei, daß sich die AN-24 als Hochdecker, dessen Triebwerke – anfangs hatte auch die Verwendung von vier Kolbenmotoren zur Debatte gestanden – und Propeller weit vom Boden entfernt waren, gut für den Einsatz von unbefestigten Pisten eignete. Um trotz des verhältnismäßig kleinen Flügels kurze Startstrecken zu ermöglichen, erhielten die Tragflächen Spaltklappen. Das für damalige Zeiten sehr moderen Flugzeug, das sich durch einen hohen Anteil an integral gefertigten Bauteilen und die Verwendung von Metallklebeverfahren auszeichnete, verfügte zudem über eine hohe Lebensdauer, was bis zu diesem Zeitpunkt nicht unbedingt die wichtigste Vorgabe bei sowjetischen Flugzeugprojekten gewesen war.
Während des langen Produktionszeitraums der AN-24 wurden verschiedene Versionen u.a. zum Frachttransport entwickelt, und die Maschine diente darüber hinaus als Ausgangsmuster für die Transportflugzeuge AN-26 und AN-32 bzw. das Vermessungsflugzeug AN-30. Heute wird die Maschine nur noch als Y7 bei Xian in China in Lizenz gebaut.

Antonow AN-38 Arbeitspferd ohne Zukunft?

Antonows AN-38-100, die im April 1997 zugelassen wurde, erinnerte nur noch sehr entfernt an die AN-14, die als Urahn einer mittlerweile drei Mitglieder umfassenden Serie von Transportflugzeugen mit Kurzstarteigenschaft gegen Ende der fünfziger Jahre entwickelt wurde. Auf die AN-14 mit Kolbentriebwerken und Platz für sechs Passagiere, deren Entwicklung sich bis 1965 hinzog, folgte eine zunächst als AN-14M bezeichnete vergrößerte Version, die über zwei Propellerturbinen des Typs TVD-10 verfügte und in deren Kabine ca. 20 Personen Platz fanden. Ein erster Prototyp flog im September 1969, doch erst fünf Jahre später existierte unter der zukünftigen Bezeichnung AN-28 eine seriennahe Maschine. Die Serienfertigung übernahm wiederum einige Jahre darauf allerdings PZL in Polen, die zudem in den neunziger Jahren eine M-28 mit PT6-Turboprops von Pratt&Whitney Canada sowie westlicher Avionik entwickelte.
Ausgehend von der AN-28 entstanden bei Antonow die gestreckte AN-38-100 (mit AlliedSignal-Triebwerken des Typs TPE331 und Bendix/King-Avionik) bzw. AN-38-200 (mit TVD-20 und GUS-Cockpitinstrumentierung). Der Rumpfquerschnitt und das charakteristische doppelte Seitenleitwerk wurden beibehalten, die Nutzlast der bei NAPO im russischen Nowosibirsk gefertigten Maschine jedoch auf zweieinhalb Tonnen vergrößert. Die maximale Passagierzahl betrug nun 27, und die Reisegeschwindigkeit wurde auf bis zu 405 Stundenkilometer erhöht.

Die mit westlichen Triebwerken ausgerüstete An-38-100 bietet Platz für 27 Fluggäste.

Antonow AN-140
Schwieriger Start

Nachdem man mit der AN-24 ein erfolgreiches Regionalflugzeug entwickelt und produziert hatte, das auch vierzig Jahre nach seinem Erstflug noch immer im Einsatz stand, wollte Antonow auch das Nachfolgemodell liefern. Die 46- bis 52-sitzige AN-140 war ein modernes, zweimotoriges Flugzeug mit einer Reichweite von 2100 bis 2650 Kilometern und einer Reisegeschwindigkeit von etwa 575 km/h, dessen größter Nachteil wohl die russisch-ukrainischen TB3-117-Turboprops waren. Es gab daher bei Antonow Pläne, die Maschine alternativ mit PW127A-Triebwerken auszustatten. Ebenso wurde in Kiew über eine um 3,80 Meter gestreckte AN-140-100 nachgedacht, die entweder 68 Passagiere, nur Fracht oder einen Mix aus beidem transportieren könnte. Der Erstflug der AN-140, die in Lizenz auch in Iran produziert werden sollte, erfolgte im September 1997, die Zulassung war für Anfang 1999 vorgesehen.

Iljuschin Il-62
Erste sowjetische Langstreckenmaschine

Die IL-62, obgleich augenscheinlich eine fast exakte Kopie der recht erfolglosen britischen Vickers VC-10, hat ihr Vorbild hinsichtlich der Produktionszahlen weit hinter sich gelassen und war über lange Jahre das Standard-Langstreckenflugzeug in der Sowjetunion und anderen Ländern des ehemaligen Ostblocks. Sie blieb es selbst nach Erscheinen der IL-86, deren Reichweite im Vergleich zur IL-62 vielfach zu gering war.

Der Prototyp dieses neuen Musters, das die Tu-114 ablösen sollte, wurde erstmals im September 1962 in Moskau der Öffentlichkeit vorgestellt und absolvierte am 3. Januar des folgenden Jahres seinen Erstflug, doch den Liniendienst nahm Aeroflot erst am 8. September 1967 auf.

Zu den Neuerungen der IL-62 gehörten nicht nur die Triebwerksanordnung mit jeweils zwei Kusnezow NK-8-4 paarweise an jeder Seite des Hecks, sondern auch die Avionikausrüstung, die Allwettereinsätze möglich machte. Zudem waren die wichtigsten Systeme an Bord redundant, d.h. mehrfach ausgelegt.

Im Januar 1974 wurde eine verbesserte und als IL-62M bezeichnete Version in Dienst gestellt, bei der man die ursprünglichen NK-8-4-Triebwerke durch D-30KU ersetzt und zusätzliche Tanks im Seitenleitwerk installiert hatte.

Dadurch konnte die Reichweite auf bis zu 10000 KIlometer gesteigert werden. Da die normalerweise mit sechs Sitzen pro Reihe ausgestattete IL-62 nicht nur innerhalb der Sowjetunion bzw. auf Routen in befreundete Staaten ein-

Für das Regionalflugzeug An-140 ist eine Lizenzfertigung in Iran vorgesehen.

Vier Triebwerke verliehen der Il-62 die nötige Reichweite für Langstreckenflüge.

gesetzt wurde, sondern beispielsweise auch Moskau und New York verband, erhielten einige Exemplare eine Zweiklassen-Bestuhlung mit zwölf Sitzen in der First und 138 in der Economy Class.

Iljuschin IL-86 – Der „Aerobus"

Die Iljuschin IL-86 war das erste sowjetische Großraumflugzeug und entstand vor allem aus der Notwendigkeit, dem in den frühen siebziger Jahren auch auf dem Gebiet der UdSSR stark zunehmendem Flugverkehr Herr zu werden. Dennoch dauerte es bis zum 26. Dezember 1986, ehe die erste der im Normalfall ca. 350 Fluggäste fassenden Maschinen auf Aeroflot-Strecken eingesetzt wurde. Die Kabine der auch als „Aerobus" bezeichneten IL-86 übertraf mit einer Breite von 5,70 Metern sogar die der europäischen Airbus-Widebodies und wurde normalerweise mit neun Sitzen pro Reihe bestuhlt. Zudem zeichnete sie sich gegenüber denen früherer sowjetischer Verkehrsflugzeuge durch ein zeitgemäßes Design und die Verwendung modernerer Materialien aus.
Eine Besonderheit stellte die ausklappbare Treppe dar, die es ermöglichte, an Plätzen ohne Fluggastbrücken durch eine Tür im Unterdeck über den Gepäckraum – mit Abla-

Die Iljuschin Il-86 war das erste Großraumflugzeug aus sowjetischer Produktion.

geregalen für Handgepäck (!) – und eine fest installierte weitere Treppe in die Kabine zu gelangen.
Da Aeroflot aufgrund des geringen Passagieraufkommens zum Beispiel nach Nordamerika kaum Bedarf an wirklichen Langstreckenflugzeugen dieser Größe und Kapazität hatte, war die IL-86 von vorn herein für den Kurz- und Mittelstreckenverkehr entworfen worden. Insgesamt wurden in Woronesch 103 Exemplare gebaut.

Iljuschin IL-96
Erfolg mit westlichen Triebwerken?

Da sich die IL-86 als nicht konkurrenzfähig gegenüber westlichen Mustern erwies, machte man sich bei Iljuschin Gedanken über ein moderneres Nachfolgemuster. Der Rumpf wurde gegenüber dem der IL-86 verkürzt, neue Tragflächen mit erheblich größerer Spannweite und Winglets sollten die Reichweite auf bis zu 9000 Kilometer erhöhen. Der Entschluß, die IL-96 mit denselben PS-90-Triebwerken auszurüsten wie die gleichzeitig entwickelte Tupolew TU-204, führte dann zu einer Reduzierung der Passagierkapazität auf etwa 300 und zur neuen Bezeichnung IL-96-300. Der Einsatz von modernen Technologien sowohl beim Entwurf als auch bei der Fertigung sollte sicherstellen, daß die IL-96 den Anforderungen hinsichtlich Passagierkomfort einerseits und Umweltbestimmungen andererseits genügte und zudem Anflüge nach Kategorie IIIA möglich wurden. Die Steuerung erfolgte elektronisch durch Fly-by-Wire, wenngleich ein mechanisches Backup-System nach wie vor vorhanden war. Obgleich die Maschine ein Glascockpit mit sechs großen Bildschirmen erhielt, wurde die Drei-Mann-Besatzung der IL-86 beibehalten.

Dies sollte sich erst mit der „verwestlichten" Version IL-96M ändern, bei der darüber hinaus die vier PS-90-Triebwerke durch solche des Typs Pratt&Whitney PW2337 ersetzt wurden. Weitere Veränderungen betrafen die Passagierkapazität, die durch eine Rumpfstreckung wieder auf das Niveau der IL-86 gebracht wurde, und den Einbau von Rockwell-Collins-Avionik. Nach dem Programmstart auf der Luftfahrtausstellung in Le Bourget 1991 erfolgte der Erstflug der IL-96MO (eine modifizierte IL-96-300) wie vorgesehen am 6. April 1993.

Iljuschin IL-114
Für Regionalstrecken

Die Iljuschin IL-114 wurde entwickelt, um die in großer Zahl im Einsatz stehenden AN-24 durch ein moderneres und ökonomischeres Flugzeug abzulösen. Mitte der achtziger Jahre begannen daher bei Iljuschin Arbeiten an einem 60- bis 70-sitzigen Turboprop, der – anders als die meisten vergleichbaren Regionalflugzeuge in Europa oder Nordamerika – zudem in der Lage sein mußte, von unbefestigten und unter Umständen sehr kurzen Pisten in ländlichen Gegenden zu operieren. Um diese Anforderungen zu erfüllen, erhielt die IL-114, deren Prototyp am 29. März 1990 den Erstflug absolvierte, eine eingebaute Passagiertreppe und eine Hilfsgasturbine (APU). Zwei TB7-117C-Propellerturbinen sorgten mittels zweier Sechsblatt-Propeller für den Antrieb der Maschine, die äußerlich an die ATP von British Aerospace erinnert. An einer Version mit

Die Il-96 basiert auf der Il-86 und wird unter anderem auch mit PW2337-Triebwerken angeboten.

westlichen Triebwerken, zur Debatte stand die PW100-Serie von Pratt&Whitney Canada, wurde ebenfalls gearbeitet. Nach der Neuordnung der Iljuschin-Gruppe im Jahr 1995 wurde beschlossen, die in Rußland entworfene IL-114 im usbekischen Taschkent zu fertigen.

Die Iljuschin Il-114 soll zahlreiche noch immer eingesetzte Antonow An-24 ersetzen.

Jakowlew Jak-40
Mehr als 1000 Exemplare

Lange vor dem Dornier 328JET entstanden, darf die Jak-40 das Privileg für sich in Anspruch nehmen, der erste 30-sitzige Regionaljet gewesen zu sein. Ebenso wie auch die AN-24 war sie als Ablösung der noch immer zahlreich fliegenden Kolbenmotor-Muster Li-2, IL-14 und IL-18 vorgesehen. Über 1000 Exemplare wurden zwischen 1966 und dem Auslaufen der Produktion Ende der siebziger Jahre gefertigt, von denen die meisten bei Aeroflot im Einsatz standen. Mit ihren drei Triebwerken – und einem entsprechenden Treibstoffverbrauch, der den Betrieb eines solchen Flugzeugs für westliche Betreiber absolut unmöglich

Die Jak-40 darf mit Fug und Recht als erster 30-sitziger Regionaljet bezeichnet werden.

gemacht hätte –, den ungepfeilten, niedrigbelasteten Tragflächen, der eingebauten Treppe und der Hilfsgasturbine war die Jak-40 das optimale Fluggerät auf kurzen Regionalstrecken in den ländlichen Gegenden der Sowjetunion, wo sie auch von Graspisten oder ähnlich unbefestigten Landebahnen aus eingesetzt werden konnte.
Erstmals trat die dreistrahlige Maschine bei ihrem Erstflug am 21. Oktober 1966 ans Licht der Öffentlichkeit, und zwei Jahre später setzte Aeroflot die Jak-40 im Liniendienst ein. Aufgrund ihrer Unwirtschaftlichkeit, die auch eine seinerzeit geplante Vermarktung im Westen verhinderte, ist die Zahl der auch weiterhin genutzten Exemplare in den letzten Jahren stark gesunken. Zeitweise diskutierte Programme, die Maschine entweder auf TFE731-Turbofans umzurüsten oder die drei Iwtschenko-AI25-Triebwerke durch zwei LF507 von AlliedSignal zu ersetzen, kamen nicht über die Planungsphase hinaus.

Jakowlew Jak-42
Entfernte Verwandte

Wenngleich die Jak-42 äußerlich stark an die kleinere Jak-40 erinnerte und auch über einige vergleichbare Ausstattungsmerkmale wie die eingebaute Treppe verfügte, stellte sie doch ein völlig neues Flugzeug für einen anderen Aufgabenbereich dar. Geplant als Ersatz der AN-24 und TU-134, die sie allerdings niemals vollständig verdrängen konnte, entsprach sie von Kapazität und Leistungsfähigkeit her in etwa der Boeing 737-200. Die Konfiguration mit drei Triebwerken, diesmal D-36 von Lotarew bzw. Iwtschenko Progress wurde beibehalten, um Kurzstarteigenschaften und Zuverlässigkeit im Betrieb zu gewährleisten. Zur Erzielung einer gegenüber der Jak-40 erheblich gesteigerten Reisegeschwindigkeit war eine – wenngleich mit elf Grad recht moderate – Pfeilung der Tragflächen vorgesehen, und um das Abfluggewicht von mehr als 50 Tonnen besser zu verteilen, erhielt die Maschine ein zwillingsbereiftes Hauptfahrwerk. Die Arbeiten an diesem neuen Kurzstreckenjet begannen etwa 1972, doch nach dem Erstflug drei Jahre später sollte noch ein halbes Jahrzehnt vergehen, ehe die Jak-42 – nun mit deutlich stärker gepfeilten Flügeln – 1980 von Aeroflot in den Liniendienst übernommen wurde. Eine Reihe technischer Probleme und der Absturz einer Maschine führten allerdings dazu, daß noch einige Jahre ins Land gingen, ehe die Jak-42 in größerem Umfang eingesetzt wurde.
Die zuletzt produzierte Standardversion Jak-42D unterschied sich vom Ausgangsmodell durch ein auf 56,5 Tonnen erhöhtes maximales Abfluggewicht und eine auf bis zu 1480 Kilometer (bei vollbesetzter Kabine) vergrößerte Reichweite. Jakowlew arbeitete zudem seit etwa 1993 an einer Jak-142 (oder Jak-42D-100) mit Avionik westlicher Hersteller sowie einem EFIS-Cockpit.
Obwohl die Bezeichnung eine enge Verwandschaft vermuten ließ, war die etwa seit Mitte der neunziger Jahre in der Entwicklung stehende Jak-242 ein völlig neues Flugzeug, das zwar den Rumpfquerschnitt der Jak-42 aufwies, aber in einer gestreckten Kabine bis zu 180 Passagiere befördern sollte und als Antrieb zwei unter den Tragflächen mon-

Jakowlews Jak-42 war das sowjetische Pendant zur Boeing 737, allerdings nicht sehr erfolgreich.

tierte und jeweils 117 kN Schub liefernde PS-90A12-Triebwerke aufwies. Über eine etwaige Serienfertigung war bei Drucklegung dieses Buches noch nichts bekannt.

Die von zwei Walter-Propellerturbinen angetriebene Let 420 basiert auf der Let 410.

Let L 410 Turbolet
Turboprop für rauhe Pisten

Der zweimotorige Turboprop Let L-410 Turbolet wurde von dem tschechischen Hersteller zunächst als Zubringer von unbefestigten Pisten vor allem für den Einsatz in der ehemaligen Sowjetunion konzipiert. Die ersten Studien für den 15-Sitzer erfolgten 1966, doch Schwierigkeiten mit dem vorgesehenen Antrieb, dem Walter bzw. Motorlet M601, verzögerten die Entwicklung, so daß Let schließlich auf das bewährte PT6A von Pratt&Whitney auswich, das den ersten Prototypen auf seinem Jungfernflug am 16. April 1969 in die Lüfte hob. Probleme bereiteten auch die Dreiblattpropeller, die eine unregelmäßige Vibration der Zelle sowie einen hohen Lärmpegel in der Kabine verursachten und erst durch den Einsatz eines Vierblattpropellers behoben werden konnten. 1970 konnte Let mit der serienmäßigen Produktion beginnen, wobei das PT6-Triebwerk bis 1973 der Standardantrieb der L 410 blieb. Doch mit der Verfügbarkeit des ursprünglich vorgesehenen M 601 erfolgte die erste Modifizierung der Maschine, die ab 1973 als L 410M vermarktet wurde. 1979 erfolgte eine weitere Modifizierung zur Let 410 UVP. Dabei wurde der Rumpf um 47 Zentimeter gestreckt, die Spannweite erhöht, das Seitenleitwerk erweitert und die Kabinentür vergrößert. Angetrieben wurde die UVP von den stärkeren M601B, während die Passagierkapazität unverändert blieb. Die Produktion dieser Version wurde 1985 nach 495 gebauten Exemplaren zugunsten der Variante L 410 UVP-E für 19 Fluggäste eingestellt. Der Platz für die weiteren vier Sitze wurde durch eine Verlagerung der Bordtoiletten und der Gepäckfächer geschaffen. Durch die Entwicklung der M 601F-Triebwerke, einem erhöhten Abfluggewicht sowie einer verbesserten Leistung entstand schließlich Anfang der neunziger Jahre die Serie L 420. Sie war vorrangig für den Einsatz nach westlichen Standards gedacht und startete am 10. November 1993 zu ihrem Erstflug.

Let L 610
Technik für den Westen

Im Sommer 1983 gab Let die Entwicklung eines neuen Regionalflugzeugs auf Basis der vor allem bei der Aeroflot bewährten L 410 bekannt. Der um sieben Meter gestreckte Rumpf mit Druckkabine schuf Platz für 40 Passagiere, während die neu entwickelten Motorlet-M-602-Turbopropmotoren mit Vierblattpropellern den Antrieb lieferten. Wie das Schwestermodell L 410/420 war die 610 in erster Linie für Zubringerdienste der Aeroflot von relativ rauhen Pisten konzipiert, obgleich die Maschine weltweit auch nach westlichen Standards angeboten wird. Das Basismodell L 610M startete am 28. Dezember 1988 zu seinem Erstflug, die Auslieferung der ersten von 500 vorgesehenden Maschinen an Aeroflot begann 1991. Noch im gleichen Jahr jedoch stopp-

Bei der Let L610G setzt der Hersteller auf General-Electric-Triebwerke und westliche Avionik.

te Let weitere Auslieferungen und erklärte dem russischen Carrier, zukünftig nur mehr gegen den Erhalt westliche Währung zu liefern. Infolge des Zusammenbruchs des Sowjetreiches und des Kommunismus' erkannte der tschechische Hersteller, daß er seine Flugzeuge auf westlichen Standard umrüsten müsse, um zu überleben, da der russische Markt nicht mehr genügend Absatzmöglichkeiten bot. Ausgestattet mit CT7-Triebwerken von General Electric und Collins-ProLine-Avionik, wurde die L 610G für den westlichen Markt optimiert. Der Erstflug der neuen Version fand nur vier Jahre nach dem der 610M, am 18. Dezember 1992, statt, die FAA-Zertifizierung erfolgte 1997. Obgleich Let auf einen guten Einstieg im Segment der 40-Sitzer weltweit hoffte, blieb das Interesse westlicher Fluggesellschaften eher moderat.

Tupolew TU-134 Noch immer im Einsatz

Bei ihrem Erstflug am 29. Juli 1963 hatte sich bestimmt niemand vorgestellt, daß die TU-134 auch mehr als 35 Jahre später noch immer ihren Dienst versehen würde. Potentielle Nachfolgemuster hatte es in der Zwischenzeit schließlich in Hülle und Fülle gegeben. Aber sei es, daß diese Typen nicht alle der ihnen zugedachten Aufgaben wahrnehmen konnten, sei es, daß sie aufgrund der Umwälzungen im Osten gegen Ende der achtziger Jahre nicht in ausreichender Zahl oder überhaupt nicht gebaut wurden – Tupolews Zweistrahler war auch zum Ausgang des 20. Jahrhunderts auf den Flughäfen des ehemaligen sowjetischen Einflußbereiches zu Hause.

Die TU-134 begann ihre Karriere als verlängerte Version der TU-124, erfuhr allerdings während der Entwicklungsphase so starke Modifikationen, daß sich das Ausgangsmuster in der neuen Maschine kaum noch widerspiegelte. Konsequenterweise ließ man daraufhin auch die ursprüngliche Bezeichnung TU-124A fallen. Die beiden Triebwerke waren ans Heck gerutscht, und die Maschine erhielt ein T-Leitwerk, so daß sie schließlich mehr einer DC-9 ähnelte als der TU-124. Der verglaste Bug, ein Überbleibsel aus der Bombervergangenheit der TU-104 und Arbeitsplatz des Navigators, blieb allerdings auch dem Neuling erhalten, in dessen spartanisch eingerichtetem Inneren 72 Passagiere auf in Viererreihen angebrachten Sitzen Platz fanden. Ab September 1967 war die TU-134 auf vielen Strecken der Aeroflot und von Airlines befreundeter Länder zu finden.

1970 begannen die Auslieferungen der um 2,70 Meter verlängerten TU-134A, deren Kabine nun 76 bis 80, bei späteren Varianten sogar bis zu 96 Personen aufnehmen konnte. Stärkere D-30-Turbofans gehörten ebenso zum Standard der TU-134A wie eine im Heck installierte APU.

Tupolew TU-154 – Multitalent

Die TU-154, wenngleich äußerlich unspektakulär, gehört wahrscheinlich zu den bekanntesten sowjetischen Mustern, denn viele Fluglinien des Warschauer Paktes setzten und set-

zen dieses Flugzeug auf ihren Mittelstreckenverbindungen ins westliche Ausland ein – allerdings aufgrund der strengen Lärmschutzbestimmungen mit nachlassender Tendenz. Die Anforderungen an das neue Muster, das seinen Erstflug am 4. Oktober 1968 absolvierte, waren hoch, denn es sollte mit der TU-104, der AN-10 und der IL-18 drei sehr unterschiedliche Flugzeuge ablösen. Heraus kam ein dreistrahliges Mittelstreckenflugzeug, das auf den ersten Blick der Boeing 727 ähnelte, allerdings um einiges größer war. Als Antrieb dienten Kusnezow NK-8-2-Turbofans, die zwar recht durstig waren, es aber ermöglichten, die Forderung nach einem Einsatz auch von weniger gut befestigten Pisten zu erfüllen. Wenngleich die TU-154 in den Jahren nach ihrem ersten Linieneinsatz 1972 einige Modifikationen erlebte, von denen die wichtigste die Umrüstung auf leistungsfähigere und zugleich weniger spritfressende D-30KU-Antriebe zur neuen Version TU-154M ab 1982 war, blieben die äußeren Abmessungen der Maschine gleich. Die Kapazität wurde von anfänglich 128 bis 164 auf später maximal 180 Sitzplätze erhöht, ebenso das maximale Abfluggewicht von zunächst 90 auf 100 Tonnen bei der TU-154M, von der auch 1999 noch neue Exemplare die Produktionshallen verließen.

Einige Fluglinien aus der ehemaligen UdSSR können noch immer nicht auf die Tu-134 verzichten.

Tupolew TU-204 – Flugzeugfamilie mit westlicher Starthilfe

Die Starthilfe ist in diesem Fall sogar wörtlich zu nehmen, denn obgleich für die TU-204 eigentlich das eigens entwickelte PS-90-Turbofantriebwerk vorgesehen war, dürften

Die Tu-154 ist zweifellos einer der erfolgreichsten Tupolew-Entwürfe für den Passagierverkehr.

Als eines der wenigen Flugzeuge aus der GUS fand die Tu-204 auch Abnehmer im Westen.

sich befriedigende Verkaufsergebnisse wohl nur mit dem alternativ angebotenen RB211-535 von Rolls-Royce erzielen lassen.

Die TU-204, als Nachfolgerin der TU-154 entwickelt, war von der Grundkonzeption her ein modernes Flugzeug mit einem superkritischen Tragflügelprofil und einem hohen Anteil an Verbundwerkstoffen.

Obgleich die zweistrahlige Mittelstreckenmaschine erst am 2. Januar 1989 ihren Erstflug absolvierte, war es schon nach wenigen Jahren sehr leicht, angesichts einer großen Zahl von realisierten, geplanten und wieder verworfenen sowie geplanten und noch nicht umgesetzten Varianten den Überblick zu verlieren. Eine Verwirrung, die symptomatisch ist für die Situation der Luftfahrtindustrie auf dem Gebiet der ehemaligen Sowjetunion. Während in der „guten alten Zeit" eine einmal festgelegte Konfiguration – oft genug nach einer sehr langen Erprobungsphase – mehr oder weniger unverändert über viele Jahre und in Hunderten von Exemplaren gefertigt wurde, waren nun auf einmal selbst die Abnehmer im eigenen Land wählerisch geworden und sahen sich – der Konkurrenzdruck machte es möglich und nötig – auch jenseits der Grenzen nach dem für sie optimalen Gerät um. Der Versuch, mit den Wünschen der Kundschaft Schritt zu halten, führte dann zu der zu beobachtenden Variantenvielfalt.

Die ursprüngliche Version TU-204-100 mit PS-90A-Triebwerken wurde Anfang 1995 von den russischen Behörden zugelassen. Aus einer anfangs als TU-204-200 bezeichneten Version mit einem höheren Abfluggewicht wurde mittlerweile die TU-214, während die TU-204-120 im Prinzip eine mit RB211-535-Triebwerken von Rolls-Royce ausgerüstete -100 war. Erste Auslieferungen dieses Typs erfolgten im November 1998 an die ägyptische Air Cairo. Die Rolls-Royce-getriebene Variante mit gesteigertem Abfluggewicht trug dementsprechend die Designation TU-204-220 (oder, um die Verwirrung komplett zu machen, TU-224).

160 Passagiere sollten in der 1995 erstmals präsentierten TU-234 (vormals TU-204-300) Platz finden, die ebenso wie die Ausgangsmuster mit PS-90A-Triebwerken von Aviadvigatel ausgerüstet wurde. Die Zukunft dieses Musters war allerdings aufgrund von Finanzierungsproblemen beim Erscheinen dieses Buches noch ungewiß, obwohl bereits erste Exemplare im Tupolew-Werk in Uljanowsk gefertigt wurden. Eine Alternativlösung mit Rolls-Royce-Antrieb, auf deren Bezeichnung man schon jetzt gespannt sein kann, wurde im übrigen ebenfalls untersucht.

Interessanterweise stieß Tupolew auf große Schwierigkeiten, die TU-204 an russische Fluglinien zu verkaufen – obwohl Aeroflot bereits im April 1995 ihren ersten TU-204-Frachter erhielt –, weil die russische Regierung extrem hohe Importzölle auf alle ausländischen Komponenten des – gleichwohl in Rußland gefertigten – Flugzeugs erhob. Die wirtschaftliche Lage des Landes tat ihr übriges.

Tupolew TU-334 Widebody-Regionaljet

Was für die TU-204 galt, traf wohl auch auf die ungleich kleinere TU-334 zu. Nur mit einem westlichen Triebwerk konnte diesem Muster eine erfolgreiche Zukunft bevorstehen. Entwickelt als dringend benötigter Ersatz für die altgedienten TU-134, wurde die TU-334 mit maximal 102 Sitzplätzen erstmals 1995 der Öffentlichkeit vorgestellt. Neben dem ursprünglich vorgesehenen D-436T-Triebwerk von Progress wurde auch die alternative Nutzung des BR710-48 von BMW Rolls-Royce für eine Version TU-334-120 in Erwägung gezogen. Varianten mit größere Reichweite oder Kapazität waren ebenfalls im Gespräch, doch vereitelten finanzielle Probleme bislang konkrete Schritte in irgendeine Richtung.

Hersteller	Modell	Länge	Spannweite	Höhe	Passagiere	Antrieb	Leistung / Schub
Aerospatiale							
	SE 210 Caravelle I/IA	32,01 m	34,30 m	8,69 m	60-80	Avon 522/Avon 526	2 x 47 kN
	SE 210 Caravelle III	32,01 m	34,30 m	8,69 m	64-80	Avon 527	2 x 51 kN
	SE 210 Caravelle VIN/VIR	32,01 m	34,30 m	8,69 m	64-80/99	Avon 531/Avon 533	2 x 54/56 kN
	SE 210 Caravelle 10B3	33,01 m	34,30 m	8,69 m	68-118	JT8D1	2 x 62 kN
	SE 210 Caravelle 10R	32,01 m	34,30 m	8,69 m	64-99	JT8D1	2 x 62 kN
	SE 210 Caravelle 11R	32,94 m	34,30 m	8,69 m	62-99	JT8D1	2 x 62 kN
	SE 210 Super Caravelle 12	36,24 m	34,30 m	9,01 m	128-139	JT8D-9	2 x 65 kN
Aerospatiale / British Aerospace							
	Concorde	62,19 m	25,56 m	12,22 m	100	Olympus 593	4 x 169 kN
Airbus Industrie							
	A300B2-100/200	53,62 m	44,84 m	16,53 m	251-361	CF6-50C, JT9D-59A1	2 x 222-236 kN
	A300B4-100/200	53,62 m	44,84 m	16,53 m	251-361	CF6-50C, JT9D-59A1	2 x 222-236 kN
	A300-600/600R	54,10 m	44,84 m	16,54 m	266-361	CF6-80C2, PW4000	2 x 249-274 kN
	A310-200	46,66 m	43,90 m	15,80 m	220-280	CF6-80C2, PW4000	2 x 230-260 kN
	A310-300	46,66 m	43,90 m	15,80 m	220-280	CF6-80C2, PW4000	2 x 230-260 kN
	A318	31,45 m	34,10 m	12,56 m	107-129	PW6122, CFM56	2 x 98 kN
	A319-100/200	33,84 m	34,10 m	11,76 m	124-145	CFM56-5A/B, V2500-A5	2 x 98-104 kN
	A320-100/200	37,57 m	34,10 m	11,76 m	150-180	CFM56-5A/B, V2500-A5	2 x 111-118 kN
	A321-100/200	44,51 m	34,10 m	11,76 m	185-220	V2500-A5, CFM56-5B	2 x 133-146 kN
	A330-200	59,0 m	60,3 m	17,9 m	253-405	CF6-80E1, PW4000, Trent 700	2 x 303-316 kN
	A330-300	63,7 m	60,3 m	16,8 m	335-440	CF6-80E1, PW4000, Trent 700	2 x 285-316 kN
	A340-200	59,4 m	60,3 m	16,8 m	239-420	CFM56-5C4	4 x 151 kN
	A340-300	63,7 m	60,3 m	16,8 m	295-440	CFM56-5C4	4 x 151 kN
	A340-500	67,8 m	63,5 m	17,8 m	313-440	Trent 553	4 x 236 kN
	A340-600	75,3 m	63,5 m	17,8 m	380-485	Trent 556	4 x 249 kN
	A3XX-50/50R	67,4 m	79,8 m	24,1 m	481	Trent 900, GP7000	4 x 276-311 kN
	A3XX-100/100R	72,5 m	79,8 m	24,1 m	555	Trent 900, GP7000	4 x 298-333 kN
	A3XX-200	78,9 m	79,8 m	24,1 m	656	Trent 900, GP7000	4 x 333 kN
Antonow							
	AN-2	12,73 m	18,18 m	4,13 m	12	ASch-62IR	1 x 1 000 PS
	AN-24T	23,53 m	29,20 m	8,32 m	44-50	AI-24A	2 x 2 550 PS
	AN-38-100	15,54 m	22,06 m	4,30 m	27	TPE331	2 x 1 500 PS
	AN-140	22,46 m	24,25 m	8,04 m	46-52	TB3-117BMA	2 x 2 500 PS
ATR							
	ATR 42-300	22,67 m	24,57 m	7,59 m	48	PW 120	2 x 1 800 PS
	ATR 42-320	22,67 m	24,67 m	7,59 m	48	PW 121	2 x 1 800 PS
	ATR 42-400	22,67 m	24,57 m	7,59 m	48	PW 121A	2 x 2 000 PS
	ATR 42-500	22,67 m	24,67 m	7,59 m	48	PW 127E	2 x 2 160 PS
	ATR 72-200	27,17 m	27,05 m	7,65 m	66	PW 124	2 x 2 160 PS
	ATR 72-210	27,17 m	27,05 m	7,65 m	66	PW 127	2 x 2 475 PS
	ATR 72-210A/500	27,17 m	27,05 m	7,65 m	68	PW 127F	2 x 2 475 PS
„Baade“							
	152-I	31,40 m	27,30 m	9,05 m	66	RD-9B	4 x 26 kN
Boeing							
	707-120/120B/220	44,04 m	39,88 m	12,67 m	174	JT3C-6/JT3D-3B/JT4A-3	4 x 60-80 kN
	707-320	46,61 m	43,41 m	12,75 m	189	JT4A	4 x 70-78 kN
	707-320B/320B adv./320C	46,61 m	44,42 m	12,75 m	141-189	JT3D-3/JT3D-3B/7	4 x 80-84 kN
	707-420	46,61 m	43,41 m	12,75 m	189	Conway 508	4 x 78 kN
	717-200	37,81 m	28,45 m	8,92 m	106	BR715	2 x 82 kN
	720/720B	41,5/41,68 m	39,88 m	12,52 m	156	JT3C/JT3D	4 x 58-80 kN
	727-100/C/QC	40,59 m	32,91 m	10,36 m	125	JT8D	3 x 62-65 kN
	727-200/200 adv	46,69 m	32,91 m	10,36 m	148-189	JT8D-15	3 x 62-77 kN
	737-100	28,65 m	28,35 m	11,23 m	85-99	JT8D	2 x 64 kN
	737-200/200 adv	30,53 m	28,35 m	11,28 m	95-124	JT8D	2 x 64-72 kN

FLUGZEUGE SEIT 1949

Reichweite	Geschwindigkeit	max. Startgewicht	Erstflug	Erstkunde	Bestellungen / Bemerkungen
1 520 km	746 km/h	43 500 kg	18.05.1958		19 bzw. 11 Flugzeuge ausgeliefert
1 700 km	805 km/h	46 000 kg	30.12.1959		78 Exemplare gefertigt
2 350 km	845 km/h	48 000/50 000 kg	12.09.1960		53/56 Exemplare gefertigt
2 500 km	825 km/h	52 000 kg	03.03.1964		22 Exemplare gefertigt
2 900 km	800 km/h	52 000 kg	18.01.1965		20 Exemplare gefertigt
2 300 km	800 km/h	52 000 kg	21.04.1967		6 Exemplare gefertigt
1 620 km	800 km/h	58 000 kg			
6 200 km	Mach 2,04	185 000 kg	2.3.1969	British Airways/Air France	14 Flugzeuge ausgeliefert
3 150 km	Mach 0,8	137 000/142 000 kg	28.10.1972	Air France	zum 1.10.1999 lagen
3 150 km	Mach 0,8	157 500/165 000 kg	26.12.1974	Iberia	insgesamt 520 Bestellungen für alle
6 850/7 700 km	Mach 0,8	165 000/171 700 kg	08.07.1983	Saudia	A300-Versionen vor
6 750 km	Mach 0,8	142 000 kg	03.04.1982	Swissair/Lufthansa	zum 1.10.1999 lagen 261 Bestellungen
8 050-9 600 km	Mach 0,8	164 000 kg	08.07.1985	Swissair	für A310-200 und -300 vor
2 778 km	Mach 0,78	59 000 kg	2001	ILFC	45 Bestellungen zum 1.10.1999
3 500-6 500 km	Mach 0,78	75 500 kg	25.08.1995	Swissair	612 Bestellungen zum 1.10.1999
4 900-5 500 km	Mach 0,78	77 000 kg	22.02.1988	Air France	1255 Bestellungen zum 1.10.1999
4 250-5 000 km	Mach 0,78	89 000 kg	11.03.1993	Lufthansa	274 Bestellungen zum 1.10.1999
12 000 km	Mach 0,82	230 000 kg	13.08.1997	Canada 3000	271 Bestellungen für A330-200 und
8 900-10 200 km	Mach 0,82	230 000 kg	02.11.1992	Air Inter	A330-300 zum 1.10.1999
14 800 km	Mach 0,82	275 000 kg	01.04.1992	Lufthansa	294 Bestellungen für alle A340-Varianten
12 000-13 500 km	Mach 0,82	275 000 kg	25.10.1991	Air France	zum 1.10.1999
15 750 km	Mach 0,83	365 000 kg		Air Canada	Montage des Prototypen ab 1999
13 900 km	Mach 0,83	365 000 kg		Virgin Atlantic	Montage des Prototypen ab 1999
14 160/16 200 km	Mach 0,85	550 000 kg			Vorläufige technische Daten
14 160/16 200 km	Mach 0,85	583 000 kg			der geplanten A3XX-Versionen
14 160 km	Mach 0,85	583 000 kg			zum Jahresende 1999
1 195 km	190 km/h	5 500 kg	31.08.1947	Zivilluftfahrtministerium	Über 18 000 Exemplare gebaut
2 300 km	450 km/h	21 800 kg	16.11.1965	Verteidigungsministerium	
1 700 km	380 km/h	9 500 kg	23.06.1994	Wostok Airlines	
2 100 km	575 km/h	19 150 kg	17.09.1997		
1 185 km	490 km/h	16 700 kg	16.08.1984	Air Littoral	
1 592 km	488 km/h	16 700 kg	01.10.1987	Continental Express	
1 703 km	496 km/h	17 400 kg	1995	CSA	
1 556 km	563 km/h	18 600 kg	1994	Air Dolomiti	
2 018 km	516 km/h	21 500 kg	27.10.1988	Karair	
1 686 km	518 km/h	21 600 kg		American Eagle	
1 686 km	618 km/h	21 800 kg	Juni 1997	Xinjang Airlines	
2 400 km	680 km/h	46 500 kg	04.12.1958		
7 884 km	965 km/h	116 700 kg	20.12.1957	Pan Am	146 (inklusive 13 kürzere 707-138)
6 800 km	965 km/h	141 500 kg	11.01.1959	Pan Am	69
9 913 km	977 km/h	151 300 kg	31.01.1962	Pan Am	511
6 800 km	965 km/h	141 500 kg	19.05.1959	Lufthansa	37
2 905 km	0,76 Mach	51 710 kg	02.09.1998	AirTran	Anf. 1999 lagen 115 Bestellungen vor
4 800 km	965 km/h	106 300 kg	23.11.1959	United Airlines	154
4 020 km	917 km/h	76 700 kg	09.02.1963	United Airlines	571 / Produktionsende August 1976
2 750-4 500 km	890-965 km/h	95 000 kg	27.07.1967	Northeast	1260 / Produktionsende September 1984
3 440 km	925 km/h	49 940 kg	09.04.1967	Lufthansa	30
3 440 km	925 km/h	58 160 kg	08.08.1967	United	1095

Hersteller	Modell	Länge	Spannweite	Höhe	Passagiere	Antrieb	Leistung / Schub
	737-300	33,4 m	28,9 m	11,1 m	128-149	CFM56-3C1	2 x 89-98 kN
	737-400	36,4 m	28,9 m	11,1 m	146-168	CFM56-3C1	2 x 89-98 kN
	737-500	31,0 m	28,9 m	11,1 m	108-132	CFM56-3C1	2 x 89-98 kN
	737-600	31,2 m	34,3 m	12,6 m	110-132	CFM56-7	2 x 82-98 kN
	737-700	33,6 m	34,3 m	12,6 m	126-149	CFM56-7	2 x 89-107 kN
	737-800	39,5 m	34,3 m	12,6 m	162-189	CFM56-7	2 x 107-117 kN
	737-900	42,1 m	34,3 m	12,6 m	177-189	CFM56-7	2 x 117 kN
	747-100/100B/100SR	70,66 m	59,64 m	19,33 m	366-550	JT9D-7A, CF6-45/50, RB211-524	4 x 209 kN
	747-200B/200M/200C	70,66 m	59,64 m	19,33 m	366	JT9D, CF6-50/80, RB211-524	4 x 243 kN
	747SP	56,31 m	59,64 m	19,94 m	331	RB211-524, CF6-45	4 x 222 kN
	747-300/300M/300SR	70,66 m	59,64 m	19,33 m	400	JT9D, CF6-50/80, RB211-524	4 x 222 kN
	747-400	70,66 m	64,44 m	19,41 m	420-566	PW4000, CF6-80, RB211-524	4 x 249 kN
	757-200	47,32 m	38,05 m	13,6 m	201-239	RB211-535E4, PW2037, PW2040	2 x 178-186 kN
	757-300	54,5 m	38,05 m	13,6 m	240-289	RB211-535E4-B, PW2043	2 x 192-195 kN
	767-200/200ER	48,5 m	47,6 m	15,8 m	181-285	JT9D, PW4000, CF6-80, RB211-524	2 x 213-258 kN
	767-300/300ER	54,9 m	47,6 m	15,8 m	218-350	JT9D, PW4000, CF6-80, RB211-524	2 x 213-273 kN
	767-400ER	61,37 m	51,92 m	16,87 m	245-375	PW4062, CF6-80C2	2 x 276-283 kN
	777-200/200IGW	63,7 m	60,9 m	18,5 m	305-440	PW4000, GE90, Trent 800	2 x 334-400 kN
	777-300	73,8 m	60,9 m	18,5 m	368-550	PW4000, GE90, Trent 800	2 x 400-436 kN
Bombardier Aerospace							
	CRJ 100/200	26,77 m	21,21 m	6,22 m	50	CF34-3A1/3B1	2 x 38,84 kN
	CRJ 100ER/200ER	26,77 m	21,21 m	6,22 m	50	CF34-3A1/3B1	2 x 38,84 kN
	CRJ 100ER/200LR	26,77 m	21,21 m	6,22 m	50	CF34-3A1/3B1	2 x 38,84 kN
	CRJ 700	32,41 m	23,16 m	7,32 m	70	CF34-8C1	2 x 56,4 kN
	CRJ 700ER	32,41 m	23,16 m	7,32 m	70	CF34-8C1	2 x 56,4 kN
	Dash 8Q-100	22,3 m	25,9 m	7,49 m	37-39	PW121	2 x 2 150 PS
	Dash 8Q-200	22,3 m	25,9 m	7,49 m	37-39	PW123D	2 x 2 150 PS
	Dash 8Q-300	25,7 m	27,4 m	7,49 m	50-56	PW123B	2 x 2 500 PS
	Dash 8Q-400	32,8 m	28,4 m	8,34 m	70-78	PW150A	2 x 5 071 PS
British Aerospace							
	BAC 111-200/300/400	28,50 m	26,97 m	7,47 m	89	Spey 506/511	2 x 46/51 kN
	BAC 111-475	28,50 m	28,50 m	7,47 m	89	Spey 512-14DW	2 x 56 kN
	BAC 111-500	32,61 m	28,50 m	7,47 m	119	Spey 512-14DW	2 x 56 kN
	HS.748-1/2/2A	20,42 m	30,02 m	7,57 m	62	Dart 6/Dart 7	2 x 1 880-2 280 PS
	HS.748-2B/Super 748	20,42 m	31,23 m	7,57 m	58	Dart 7 Mk552	2 x 2 280 PS
	ATP	26,00 m	30,63 m	7,14 m	64-72	PW126A	2 400 PS
	Jetstream 31/32/32EP	14,36 m	15,85 m	5,38 m	19	TPE331-10/20	2 x 940/1 040 PS
	Jetstream 41	19,33 m	18,42 m	5,61 m	29	TPE331-14	2 x 1 650 PS
	BAe 146-100	26,15 m	26,34 m	8,61 m	73-84	ALF502-R5	4 x 31,04 kN
	BAe 146-200	28,55 m	26,34 m	8,61 m	88-100	ALF502-R5	4 x 31,04 kN
	BAe 146-300	30,99 m	26,34 m	8,59 m	103-110	ALF502-R5/LF507-1F	4 x 31,04 kN
	Avro RJ70	26,15 m	26,34 m	8,61 m	70-82	LF507-1F	4 x 27,27 kN
	Avro RJ85	28,55 m	26,34 m	8,61 m	85-100	LF507-1F	4 x 31,15 kN
	Avro RJ100	30,99 m	26,34 m	8,59 m	100-112	LF507-1F	4 x 31,15 kN
Britten-Norman							
	BN2 Islander	10,97 m	14,93 m	3,78 m	9	Lycoming IO-540	2 x 260 PS
	BN2A-20/26 / BN2B-20/26	10,97 m	14,93 m	3,78 m	9	IO-540-K1B5/O-540-E4C5	2 x 300 / 260 PS
	BN2T Islander	10,97 m	14,93 m	3,78 m	9	Allison 250-B17C	2 x 320 PS
	BN2A MkIII Trislander	15,01 m	16,15 m	4,29 m	18	Lycoming O-540-E4C5	3 x 264 PS
CASA							
	C-212-200	16,20 m	20,30 m	6,60 m	26	TPE 311-10	900 PS
	C-212-300	16,20 m	20,30 m	6,60 m	26	TPE 331-10R	900 PS
	CN-235-100/200/300	21,40 m	25,81 m	8,17 m	44	CT7-9C	1 870 PS
Convair							
	880/880M	39,42 m	36,58 m	11,07 m	80-130	CJ805-313	4 x 52 kN
	990/990A	42,49 m	36,58 m	12,04 m	90-149	CJ805-23	4 x 72 kN

Reichweite	Geschwindigkeit	max. Startgewicht	Erstflug	Erstkunde	Bestellungen / Bemerkungen
2 921-4 321 km	796 km/h	62 820 kg	24.02.1984	Southwest	1112 / Produktionsende 1999
3 476-4 104 km	796 km/h	68 040 kg	19.02.1988	Piedmont	486 / Produktionsende 1999
2 744-4 683 km	796 km/h	60 550 kg	30.06.1989	Southwest	389 / Produktionsende 1999
5 982 km	Mach 0,785	65 149 kg	22.01.1998	SAS	113 Bestellungen zum 1.10.1999
6 111 km	Mach 0,785	69 460 kg	09.02.1997	Southwest	500 Bestellungen zum 1.10.1999
5 417 km	Mach 0,785	79 087 kg	31.07.1997	Hapag Lloyd	558 Bestellungen zum 1.10.1999
5 052 km	Mach 0,785	79 087 kg		Alaska	45 Bestellungen zum 1.10.1999
8 510 km	Mach 0,85	333 400 kg	09.02.1969	Pan Am	205
9 654 km	Mach 0,85	377 800 kg	11.10.1970	KLM	316
11 100 km	Mach 0,92	317 500 kg	04.07.1975	Pan Am	45
8 850 km	Mach 0,85	377 800 kg	05.10.1982	Swissair	81
13 340 km	910 km/h	391 500 kg	29.04.1988	Northwest	516 zum 1.10.1999 (ohne Frachter)
7 240 km	Mach 0,80	115 900 kg	19.02.1982	Eastern	872 zum 1.10.1999 (ohne Frachter)
6 436 km	Mach 0,80	122 472 kg	02.08.1998	Condor	17 Bestellungen zum 1.10.1999
8 465/12 330 km	885 km/h	179 172 kg	26.09.1981	United	128 / 111 Bestellungen zum 1.10.1999
7 340/10 990 km	885 km/h	186 883 kg	30.01.1986	JAL	107 / 440 Bestellungen zum 1.10.1999
10 418 km	Mach 0,80	204 115 kg	09.10.1999	Delta	54 Bestellungen zum 1.10.1999
7 010/13 390 km	990 km/h	286 900 kg	12.06.1994	United Airlines	387 Bestellungen zum 1.10.1999
10 805 km	990 km/h	299 375 kg	16.10.1997	Cathay Pacific	42 Bestellungen zum 1.10.1999
1 825 km	0,81 Mach	21 523 kg	10.05.1991	Lufthansa CityLine	insgesamt lagen zum 1.10.1999
3 045 km	0,81 Mach	23 133 kg			236 Bestellungen für CRJ100 und
3 700 km	0,81 Mach	24 040 kg			330 Bestellungen für CRJ200 vor
3 152 km	0,815 Mach	32 885 kg	27.05.1999		zum 1.10.1999 lagen Bombardier
3 763 km	0,815 Mach	34 019 kg			Bestellungen für 99 CRJ700 vor
1 928 km	500 km/h	16 465 kg	20.06.1983	norOntair	299 Bestellungen zum 1.10.1999
1 795 km	546 km/h	16 465 kg			90 Bestellungen zum 1.10.1999
1 626 km	528 km/h	19 505 kg	15.05.1987	Time Air	161 Bestellungen zum 1.10.1999
2 401 km	648 km/h	28 690 kg	31.01.1998		62 Bestellungen zum 1.10.1999
3 430-3 620 km	815 km/h	35 608-39 463 kg	28.08.1963	BUA	
3 700 km	871 km/h	44 678 kg	27.08.1970	Faucett	
3 480 km	871 km/h	47 400 kg	30.06.1967	BEA	
2 996-3 160 km	440-462 km/h	20 185 kg	24.06.1960	Skyways	
2 892 km	452 km/h	21 092 kg	22.06.1979	Air Madagascar	
1 482 km	437 km/h	22 930 kg	06.08.1986	British Midland	
1 900 km	452 km/h	6 900/7 350 kg	28.03.1980		
774 km	546 km/h	10 886 kg	25.09.1991	Loganair/Manx	
1 760 km	Mach 0,73	38 136 kg	03.09.1981	Dan Air	34
2 037 km	Mach 0,73	42 222 kg	01.08.1982	Air Wisconsin	113
2 037 km	Mach 0,73	44 265 kg	01.05.1987	Air Wisconsin	70
2 790 km	Mach 0,73	38 102 kg	23.03.1992		12 Bestellungen zum 1.10.1999
2 575 km	Mach 0,73	42 185 kg	27.11.1992	Crossair	79 Bestellungen zum 1.10.1999
2 435 km	Mach 0,73	44 226 kg			61 Bestellungen zum 1.10.1999
998 km	263 km/h	2 585 kg	13.06.1965	Logan Air	23
932 / 998 km	265 / 263 km/h	2 994 kg	1969		1044
1 093 km	315 km/h	3 175 kg	02.08.1980		65
1 609 km	241 km/h	4 536 kg	11.09.1970		81
1 760 km	365 km/h	7 450 kg	26.03.1971		über 460 Exemplare verkauft
2 600 km	370 km/h	7 700 kg	1984		
1 600 km	452 km/h	15 800 kg	10.09.1983		
7 500 km	895 km/h	87 850 kg	27.01.1959	Delta Air Lines	48 bzw. 17 Exemplare gefertigt
8 900 km	917 km/h	115 770 kg	24.01.1961	American Airlines	73 Exemplare gefertigt

Hersteller	Modell	Länge	Spannweite	Höhe	Passagiere	Antrieb	Leistung / Schub
Dassault							
	Mercure 100	34,84 m	30,55 m	11,36 m	135-156	JT8D-15	2 x 69 kN
de Havilland							
	Comet 1	28,35 m	35,00 m	8,65 m	48	Ghost	4 x 22,3 kN
	Comet 4	33,99 m	35,00 m	8,99 m	81	Avon RA29 Mk524	4 x 46,8 kN
de Havilland Canada							
	DHC-6 Serie 300	15,77 m	19,81 m	5,94 m	20	PT6A-27	2 x 620 PS
	Dash 7-100/150	24,58 m	28,35 m	7,98 m	50-56	PT6A-50	4 x 1 120 PS
Dornier							
	Dornier 228-100	15,04 m	16,97 m	4,86 m	15	TPE331-5	2 x 715 PS
	Dornier 228-200/212	16,56 m	16,97 m	4,86 m	19	TPE331-5/TPE331-10	2 x 715/776 PS
	Dornier 328-110	21,28 m	20,98 m	7,23 m	30-34	PW119B	2 x 2 180 PS
	Dornier 328-120	21,28 m	20,98 m	7,23 m	30-34	PW119C	2 x 2 180 PS
	Dornier 328-130	21,28 m	20,98 m	7,23 m	30-34	PW119C	2 x 2 180 PS
Embraer							
	EMB-110C/110P	14,20 m	15,32 m	4,73 m	15/18	PT6A-27	2 x 680 PS
	EMB-110P1/P1A/P2	15,08 m	15,32 m	4,73 m	21-23	PT6A-34	2 x 750 PS
	EMB-120/120ER	20,00 m	19,78 m	6,35 m	30	PW118	2 x 1 800 PS
	ERJ-135ER/LR	26,33 m	20,04 m	6,75 m	37	AE3007A3/A4	2 x 33 kN
	ERJ-140	28,52 m	20,04 m	6,75 m	44	AE3007A1/3	
	ERJ-145ER/LR	29,87 m	20,04 m	6,75 m	50	AE3007A/A1	2 x 33 kN
	ERJ-170	29,70 m	25,35 m	9,63 m	70	CF34	
	ERJ-190-100	35,95 m	28,09 m	10,36 m	98	CF34	
	ERJ-190-200	38,39 m	28,09 m	10,39 m	108	CF34	
Fairchild							
	FH-227	25,50 m	29,01 m	8,41 m	52-56	RR Dart Mk 532-7L	2 x 2 282 PS
	Metro III/23	18,10 m	17,70 m	5,1 m	19	TPE 331-11U/12UHR	2 x 1 000 PS
	328JET	21,28 m	20,98 m	7,20 m	32-34	PW306B	2 x 26,9 kN
	428JET	25,12 m	23,4 m	7,24 m	42-44	PW308B	2 x 32,9 kN
	528JET	22,51 m	26,62 m	8,75 m	55-60	CF34-8D1	2 x 55 kN
	728JET	25,75 m	26,62 m	8,86 m	70-75	CF34-8D3	2 x 59 kN
	928JET	30,43 m	27,66 m	8,86 m	98-105	steht noch nicht fest	2 x 77 kN
Fokker							
	F27 Mk 200/300	23,56 m	29,00 m	8,50 m	44	Dart Mk 536-7R	2 x 2 320 PS
	F28 Mk 1000/3000	27,40 m	25,07 m	8,47 m	65	Spey Mk 555-15P	2 x 44 kN
	F28 Mk 2000/4000	29,61 m	25,07 m	8,47 m	85	Spey Mk 555-15P	2 x 44 kN
	50	25,25 m	29,00 m	8,32 m	50-58	PW125B	2 x 2 500 PS
	70	30,91 m	28,08 m	8,51 m	70-79	Tay 620	2 x 61,6 kN
	100	35,53 m	28,08 m	8,50 m	97-107	Tay 650	2 x 67,2 kN
Hawker Siddeley							
	Trident 1E	34,97 m	27,38 m	8,23 m	103	Spey RB163/1	3 x 44 kN
		Trident 2E	34,97 m	29,87 m	8,23 m	115	Spey RB163/25
Iljuschin							
	IL-62/62M	53,1 m	43,2 m	12,4 m	138-186	NK-8-4/D-30KU	4 x 103 / 108 kN
	IL-86	59,9 m	48,3 m	15,8 m	319-350	NK-86	4 x 127 kN
	IL-96-300	55,35 m	60,11 m	17,55 m	300-345	PS-90A	4 x 157 kN
	IL-96M	63,94 m	60,11 m	15,72 m	436	PW2337	4 x 167 kN
	IL-114	26,88 m	30,00 m	9,19 m	64	TB7-117C	2 x 2 500 PS
Jakowlew							
	Jak-40	20,36 m	25,00 m	6,50 m	32	AI-25	3 x 14,7 kN
	Jak-42/42D	36,38 m	34,88 m	9,83 m	104-120	D-36	3 x 63,8 kN
Let							
	Let 410/420	14,42 m	19,98 m	5,83 m	17-19	M601E/M601F	2 x 751/777 PS
	Let 610 G	21,72 m	25,60 m	8,19 m	40	CT7-9D	2 x 1 750 PS

Reichweite	Geschwindigkeit	max. Startgewicht	Erstflug	Erstkunde	Bestellungen / Bemerkungen
2 500 km	930 km/h	56 500 kg	28.05.1971	Air Inter	12 Exempl.inkl. zwei Prototypen gefertigt
2 800 km	724 km/h	45 540 kg	27.07.1949	BOAC	
5 190 km	846 km/h	73 500 kg	27.04.1958	BOAC	Vers.4B und 4C mit geänd. Abmessungen
1 297 km	337 km/h	5 670 kg	20.05.1965		844 inklusive DHC-6-1/100/200
2 111/4 574 km	425 km/h	19 976/21 338 kg	27.03.1975		113
2 704 km	432 km/h	5 700 kg	28.03.1981	AS Norving	
2 704/845 km	434 km/h	5 700/6 400 kg	09.05.1981	Druk Air	Produktionsende Ende 1998
1 850/1 095 km	620 km/h	13 990 kg	06.12.1991	Air Engiadina	
1 850/1 095 km	620 km/h	13 990 kg		Mountain Air Express	
1 850/1 095 km	620 km/h	13 990 kg			
		5 650 kg	09.08.1972	Transbrasil	insgesamt wurden 498 EMB-110
1 898 km	414 km/h	5 670 kg			gebaut, inkl. militärischer Versionen
1 481 km	556 km/h	11 990 kg	27.07.1983		
2 204/2 926 km	833 km/h	19 000/20 000 kg	04.07.1998	Continental Express	
2 037 km	833 km/h	20 100 kg			
2 463/2 852 km	833 km/h	20 600/22 000 kg	11.08.1995	Continental Express	
3 889 km	870 km/h	33 990 kg		Crossair	vorläufige techn. Daten mit Stand Ende
4 315 km	870 km/h	45 990 kg			1999. 70 Festbestellungen für ERJ-170
3 334 km	870 km/h	45 990 kg		Crossair	und ERJ-190 durch Crossair und Regional
2 660 km	473 km/h	20 639 kg	27.01.1966		79
1 670 km	507/537 km/h	7 256/7 483 kg	26.08.1969		
1 668 km	756 km/h	15 200 kg	20.01.1998	Skyway	175 Bestellungen + Optionen
1 944 km	765 km/h	19 990 kg			95 Bestellungen + Optionen
2 900 km	Mach 0,805	30 990 kg			
3 260 km	Mach 0,81	34 860 kg		Lufthansa CityLine	120 Bestellungen + Optionen
3 330 km	Mach 0,80	steht noch nicht fest			
1 925 km	480 km/h	20 410 kg	24.11.1955		insgesamt 581 Maschinen gebaut
3 170 km	843 km/h	33 110 kg	09.05.1967		insgesamt 241 Maschinen gebaut
2 085 km	843 km/h	33 110 kg			
2 250 km	522 km/h	19 950 kg	28.12.1985	Lufthansa CityLine	220 Maschinen geordert
2 010 km	856 km/h	36 740 kg	Juli 1994	Ford	50 Maschinen produziert
2 330 km	856 km/h	43 090 kg	30.11.1986	Swissair	
4 108 km	912 km/h	52 163 kg	09.01.1962	BEA	von allen Varianten inkl, der Trident 3B
3 x 53 kN	4 025 km	959 km/h	65 090 kg	27.07.1967	BEA wurden 117 Exemplare gebaut
7 200-10 000 km	850/870 km/h	161 600/165 000 kg	03.01.1963	Aeroflot	insgesamt 282 Maschinen gebaut
7 000 km	850 km/h	215 000 kg	22.12.1976	Aeroflot	103
13 000 km	870 km/h	250 000 kg	28.09.1988	Aeroflot	
12 250 km	870 km/h	270 000 kg	06.04.1993		
4 800 km	500 km/h	23 500 kg	29.03.1990		
1 700 km	550 km/h	16 100 kg	21.10.1966	Aeroflot	1010
2 150 km	750 km/h	54 000/56 500 kg	26.12.1975	Aeroflot	> 180
1 317/1 358 km	386/384 km/h	6 600 kg	16.04.1969	SLOV-AIR	insgesamt 1100 Maschinen gebaut
2 420 km	450 km/h	15 100 kg	18.12.1992		

Hersteller	Modell	Länge	Spannweite	Höhe	Passagiere	Antrieb	Leistung / Schub
Lockheed							
	TriStar L-1011-1/100/200	54,17 m	47,34 m	16,87 m	256-400	RB211-22B/RB211-524	3 x 187/215 kN
	TriStar L-1011-500	50,05 m	50,09 m	16,87 m	246-330	RB211-524	3 x 222 kN
McDonnell Douglas							
	DC-8-10	45,87 m	43,40 m	12,88 m	124-176	JT3C-6	4 x 58 kN
	DC-8-20/-30	45,87 m	43,40 m	12,88 m	124-176	JT4A	4 x 75 kN
	DC-8-40	45,87 m	43,40 m	12,88 m	124-176	Conway 12	4 x 78 kN
	DC-8-50	45,87 m	43,40 m	12,88 m	124-176	JT3D	4 x 80 kN
	DC-8-61	57,10 m	43,40 m	12,90 m	259	JT3D	4 x 85 kN
	DC-8-62	47,90 m	45,20 m	12,90 m	189	JT3D	4 x 85 kN
	DC-8-63	57,10 m	45,20 m	12,90 m	259	JT3D	4 x 85 kN
	DC-8-71	57,10 m	43,40 m	12,90 m	259	CFM 56	4 x 98 kN
	DC-8-72	47,90 m	45,20 m	12,90 m	189	CFM 56	4 x 98 kN
	DC-8-73	57,10 m	45,20 m	12,90 m	259	CFM 56	4 x 98 kN
	DC-9-10	31,80 m	27,30 m	8,38 m	80-90	JT8D-7	2 x 62 kN
	DC-9-20	31,80 m	28,50 m	8,38 m	80-90	JT8D-9	2 x 67 kN
	DC-9-30	36,30 m	28,50 m	8,38 m	105-119	JT8D-15	2 x 69 kN
	DC-9-40	38,30 m	28,50 m	8,38 m	115-132	JT8D-15	2 x 69 kN
	DC-9-50	40,70 m	28,50 m	8,38 m	125-139	JT8D-17	2 x 71 kN
	DC-10-10/15	55,50 m	47,30 m	17,70 m	250-380	CF6-6D/CF6-50C2F	3 x 178/207 kN
	DC-10-30	55,00 m	50,40 m	17,70 m	250-380	CF6-50C	3 x 227 kN
	DC-10-40	55,00 m	50,40 m	17,70 m	250-380	JT9D-59A	3 x 236 kN
	MD-81/82/83/88	45,05 m	32,86 m	9,02 m	155-172	JT8D	2 x 82-93 kN
	MD-87	39,70 m	32,86 m	9,02 m	130-139	JT8D	2 x 89 kN
	MD-90-30/MD-90-30T	46,50 m	32,87 m	9,40 m	153-172	V2525-D5	2 x 111 kN
	MD-11	61,23 m	51,76 m	17,59 m	233-410	CF6-80C2, PW4460/4462	3 x 266-273 kN
Raytheon							
	Beech 1900C	17,6 m	16,6 m	4,5 m	19	PT6A-65B	2 x 1100 PS
	Beech 1900D	17,6 m	17,7 m	4,7 m	19	PT6A-67D	2 x 1279 PS
Saab							
	340B Plus	19,73 m	21,44 m	6,97 m	30-37	CT7-9B	2 x 1 870 PS
	2000	27,28 m	24,76 m	7,73 m	50-58	AE 2100A	2 x 4 152 PS
Shorts							
	S.C.7 Skyvan 3A	12,21 m	19,79 m	4,60 m	19	TPE331-201	2 x 715 PS
	330-100/200	17,69 m	22,76 m	4,95 m	30	PT6A-45/PT6A-45R	2 x 1 173/1 198 PS
	360/360Adv.	21,59 m	22,81 m	7,21 m	31-36	PT6A-65R / PT6A-65AR	2 x 1 424 PS
	360-300	21,59 m	22,81 m	7,21 m	31-36	PT6A-67R	2 x 1 424 PS
Tupolew							
	TU-104B	40,06 m	34,54 m	11,9 m	100	RD-3M-500	2 x 93,1 kN
	TU-124	30,58 m	25,55 m	8,08 m	56	D-20P	2 x 52,9 kN
	TU-134A	37,1 m	29,01 m	9,02 m	76-80	D-30ser.2	2 x 66,64 kN
	TU-144	65,7 m	28,8 m	12,85 m	150	PD-36-51A	4 x 196 kN
	TU-154/154M	48,0 m	37,55 m	11,40 m	164-180	D-30-KU-154	3 x 102,9 kN
	TU-204-100	46,0 m	42,0 m	13,9 m	210	PS-90A	2 x 158,2 kN
	TU-204-120	46,0 m	42,0 m	13,9 m	210	RB211-535E4	2 x 189,2 kN
	TU-214	46,0 m	42,0 m	13,9 m	210	PS-90A	2 x 158,2 kN
	TU-234	40,0 m	42,0 m	13,9 m	160-166	PS-90A	2 x 158,2 kN
	TU-334-100	31,3 m	29,8 m	9,4 m	102	D436T1	2 x 73,6 kN
	TU-334-120	31,3 m	29,8 m	9,4 m	102	BR710-48	2 x 68,2 kN
VFW-Fokker							
	VFW 614	20,60 m	21,50 m	7,84 m	40-44	M45H	2 x 33 kN
Vickers							
	VC10	48,36 m	44,55 m	12,04 m	151	Conway 42	4 x 91 kN
	Super VC-10	52,32 m	44,55 m	12,04 m	174	Conway 43	4 x 97 kN

FLUGZEUGE SEIT 1949

Reichweite	Geschwindigkeit	max. Startgewicht	Erstflug	Erstkunde	Bestellungen / Bemerkungen
9 111 km	973 km/h	211 375 kg	16.11.1970	Eastern Air Lines	200
9 700 km	973 km/h	228 610 kg	16.10.1978	British Airways	50
7 685 km	917 km/h	123 000 kg	30.05.1958	United	26
7 680-9 890 km	936 km/h	125 304/143 010 kg		Eastern Airlines	93
10 550 km	936 km/h	136 000/143 010 kg	23.07.1959		32
11 800 km	936 km/h	125 304/147 550 kg	10.12.1960		128 (inklusive DC-8-50C)
6 035 km	965 km/h	147 550/148 912 kg	14.03.1966		88 (inklusive DC-8-61C)
9 656 km	965 km/h	152 090/158 900 kg	29.08.1966		61 (inklusive DC-8-62C)
7 242 km	965 km/h	158 900/161 170 kg	10.04.1967		100 (inklusive DC-8-63C)
8 950 km	887 km/h	147 550/148 912 kg	August 1981		
8 950 km	887 km/h	152 090/158 900 kg			
12 000 km	887 km/h	161 170 kg			
2 035 km	903 km/h	41 177 kg	25.02.1965		137 (inklusive DC-9-10C)
2 976 km	896 km/h	44 492 kg			10
2 630 km	917 km/h	49 940 kg		Eastern Airlines	615 (inklusive DC-9-30C)
2 711 km	903 km/h	51 756 kg	28.11.1967	SAS	71
2 630 km	898 km/h	54 934 kg			96
6 114/7 000 km	965 km/h	195 220/206 385 kg	29.08.1970	American/United	138 (inklusive DC-10-10C)
9 429 km	965 km/h	259 459 kg	1972		195 (ohne Frachter)
9 252 km	965 km/h	251 701 kg	1972		42
2 897-4 635 km	811 km/h	63 503/72 576 kg	18.10.1979	Swissair	1116
4 395 km	811 km/h	63 503 kg	04.12.1986		75
3 820 km	812 km/h	70 760 kg	22.02.1993	Delta Air Lines	134
13 408 km	945 km/h	285 990 kg	10.01.1990	British Caledonian	141 (ohne Frachter)
1 475 km	496 km/h	7 530 kg	03.09.1982	Bar Harbor	207 Maschinen gebaut
1 257 km	524 km/h	7 688 kg	Februar 1990	Mesa Airlines	
1 611 km	528 km/h	13 155 kg	25.01.1983		
2 870 km	685 km/h	22 800 kg	26.03.1992	Crossair	Prod.-Stop Mai 1999, 60 Stück verkauft
1 115 km	325 km/h	5 670 kg	17.01.1963		150 (incl. Skyvan 1 and 2)
	352 km/h	10 387 kg	22.08.1974	Time Air	Produktionsende 1992
1 307 km	395 km/h	11 999 kg	01.06.1981	Suburban	
1 178 km	400 km/h	12 292 kg			
2 750 km	800 km/h	78 100 kg	17.06.1955	Aeroflot	202
2 100 km	850 km/h	38 000 kg	29.03.1960	Aeroflot	165
2 200 km	850 km/h	47 000 kg	29.07.1963	Aeroflot	852
5 700 km	2 120 km/h	207 000 kg	31.12.1968	Aeroflot	17
4 000 km	850 km/h	100 000 kg	03.10.1968	Aeroflot	928
2 900 km	850 km/h	103 000 kg	02.01.1989	Vnukovo Airlines	Anfang 1999 waren
5 000 km	850 km/h	103 000 kg	14.08.1992	Cairo Aviation	17 TU-204 und TU-214
6 250 km	850 km/h	110 750 kg	21.03.1996		ausgeliefert
3 400-9 250 km	850 km/h	84 200-103 000 kg	1994		
2 380 km	820 km/h	46 100 kg			
2 500 km	820 km/h	46 100 kg			
1 200 km	702 km/h	19 950 kg	14.07.1971	Cimber Air	19 Maschinen gebaut
9 765 km	886 km/h	141 520 kg	29.01.1962	BOAC	
11 470 km	886 km/h	151 950 kg	07.05.1964	BOAC	

Die Autoren

Achim Figgen

Daß sein Beruf einmal „etwas mit Flugzeugen“ zu tun haben mußte, war für den 1969 geborenen Sauerländer schon seit der Kindheit klar. Folgerichtig absolvierte er zunächst ein Studium der Luft- und Raumfahrttechnik an der Universität Stuttgart, ehe er sich 1995 vom Ingenieursleben ab- und dem Schreiben zuwandte, um als Redakteur für das Zivilluftfahrt-Magazin Aero International zu arbeiten. Dort ist er vor allem für die Themenbereiche Industrie und Technik sowie für die Geschäftsluftfahrt zuständig.

Dietmar Plath

Der 1954 geborene Otterstedter gehört zu den erfahrensten Fotografen in der Welt zwischen Himmel und Erde. Über 80 Länder auf allen Kontinenten besuchte Dietmar Plath, um interessante Flugzeuge in den kühnsten und exotischsten Farben und Bemalungen oder vor faszinierenden Landschaften festzuhalten und der Öffentlichkeit zu vermitteln. Neben vielen Kalendern demonstrieren zahlreiche Luftfahrtbücher und Bildbände sowie eindrucksvolle Fotoreportagen in renommierten Magazinen wie GEO, Stern, Time, Flight International, Aviation Week und Aero International sein vielseitiges Repertoire.

Brigitte Rothfischer

Die Fliegerei hat auch Brigitte Rothfischer schon von Kindesbeinen an interessiert, und das Studium der Sprachwissenschaften in München konnte für die 1966 in Nürnberg Geborene nur ein kurzer Umweg auf dem Weg zu einer intensiven Beschäftigung mit der Luftfahrt sein. Seit Herbst 1995 arbeitet sie nun bei Aero International, wo sie sich vorrangig mit den Themenbereichen Flughäfen und Fluglinien beschäftigt.
Um sich von der Arbeit mit dem Thema Luftfahrt zu erholen, erwirbt Brigitte Rothfischer gerade die Privatpilotenlizenz.